KB133890

물음표 과학

미처 몰랐던
일상 속 52가지
과학이야기

Original Japanese title:

ILLUST ZUKAI NICHIJYOU NO "? (NAZE)" WO ZENBU KAGAKU DE TOKI
AKASU HON

© 2019 Sansaibooks

Original Japanese edition published by Sansai Books Inc.

Korean translation rights arranged with Sasnsai Books Inc.

through The English Agency (Japan) Ltd. and Danny Hong Agency

물음표 과학

미처 몰랐던
일상 속 52가지
과학이야기

Sansaibooks 지음
가와무라 야스후미 감수
김지예 옮김

동아 엠앤비

들어가며

　아침에 일어나면 무엇을 하시나요? 저는 텔레비전을 켜고 뉴스를 보며 스마트폰으로 일기예보를 확인합니다. 냉장고에서 음식 재료를 꺼내서 요리를 하면서, 세탁기도 돌리고요. 일어난 지 불과 몇 십분 동안에도 우리는 알게 모르게 과학의 힘을 이용하고 있습니다.

　텔레비전, 전기밥솥, 세탁기 등 가전제품은 문자 그대로 과학 기술의 산물입니다. 날씨를 알 수 있는 것도, 세제로 얼룩을 씻어낼 수 있는 것도 과학의 힘입니다. 더 자세히 살펴보면 냉장고 안에서 음식이 부패하지 않는 이유나, 아침이 되면 잠에서 깨는 이유까지도 과학으로 설명할 수 있습니다. 우리 일상에는 과학이 넘쳐나고 있는 것이지요. 그런데 우리는 이런 과학의 원리를 얼마나 이해하고 있을까요? 문득 '스마트폰은 어떻게 통신을 할 수 있는 거지?', '비행기는 어떻게 날 수 있는 걸까?'와 같은 궁금한 점이 생겨도, 찾아보는 중에 나오는 어려운 이론이나 수식 앞에서 '나는 문과라서 이해를 못 하겠네……' 하고 포기해버린 사람도 적지 않을 것입니다.

　그러나 안심하시기 바랍니다. 사실 우리 주변의 과학 기술이나 자연현상을 이해할 때, 까다로운 이론이나 공식은 거의 필요하지 않습니다. 전기나 전자도 의외로 직감적으로 이해할 수 있고, 친근한 현상에 빗대어 생각해 볼 수 있을 정도로 단순한 것입니다.

　이 책은 일상에서 문득 의문이 들 수 있는 '왜?'라는 질문들을 언급하고, 알기 쉬운 과학 지식과 함께 그림과 표를 많이 사용해 쉽게 설명합니다. 한 번 읽어보신다면 '왜?'라는 자녀들의 질문에도 쉽게 내용을 설명해줄 수 있을 것입니다.

과학의 원리를 알고 있으면 새로운 가전제품을 구매하려 할 때 고려하는 시각이 바뀌거나, 사용 방법이 바뀔 수도 있습니다. 비행기가 날 수 있는 이유처럼 그 원리를 알고 있으면 안심할 수 있는 경우도 있겠지요.

이 책을 통해 일상에서 접할 수 있는 과학 기술이나 자연 현상의 원리를 이해하고 '왜?'라는 의문을 해소하는 즐거움을 느끼신다면 더없이 행복하겠습니다.

도쿄이과대학 이학부 교수
가와무라 야스후미

차례

1장 우리 주변의 가전제품 속 과학

2장 집 안에서 찾아볼 수 있는 과학

차례

차례

6장 자연과 우주에 관련된 과학

등장인물 소개

선생님

과학관에서 아동을 대상으로 실험 교실을 개최하고 있어요. 최신 기술부터 자연 현상까지 폭넓은 과학 분야에 정통합니다.

아름이

과학관 근처에 살고 있는 초등학교 6학년 학생이에요. 우리 주변의 현상들에 대해 의문이 생기면 풀지 않고는 못 배기는 호기심 왕성한 성격이에요.

※ 이 책의 일부 내용은 국내 정서에 맞게 수정되었습니다.

01

1장
-
우리 주변의
가전제품 속 과학

01

전자레인지로 어떻게 음식을 데우는 걸까요?

자, 점심 시간이다! 도시락 가져왔니?
식었을 테니 전자레인지로 데워 먹자꾸나.

전자레인지는 음식을 금방 데울 수 있어서 참
편리해요. 그런데 불을 쓰지도 않고 어떻게 음
식을 데우는 거죠?

전자레인지는 마이크로파라는 전파로 마찰열
을 만들어 음식을 데운단다. 전파로 음식 내부
의 수분을 진동시키면 열이 발생하거든.

전자레인지는 마찰열로 음식을 데워요

전자레인지는 우리 생활과 떼놓을 수 없는 조리용 가전제품입니다. 그래서 간단하게 요리를 만들 수 있는 '전자레인지용 레시피'도 많이 있지요. 전자레인지는 추운 겨울에 손바닥을 비벼 따뜻하게 만드는 것처럼 마찰열을 사용해서 음식을 데웁니다.

전자레인지에서 손바닥 역할을 하는 것은 '전자파'입니다. 전자파는 물결처럼 올라가거나 내려가며 진동하고 파장(물결의 피크와 피크의 거리)에 따라 분류됩니다. 전자레인지에 사용되는 2.45GHz의 전자파는 마이크로파라고도 하는데, 아주 세밀하게 진동합니다. 그 진동 횟수는 무려 1초에 24억 5천만 번이라고 해요.

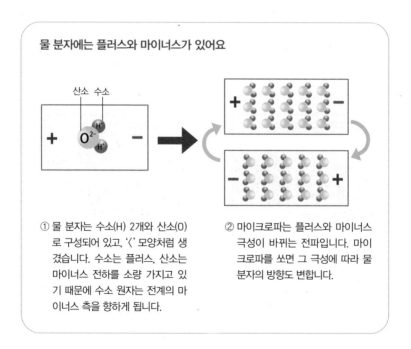

물 분자에는 플러스와 마이너스가 있어요

① 물 분자는 수소(H) 2개와 산소(O)로 구성되어 있고, '〈' 모양처럼 생겼습니다. 수소는 플러스, 산소는 마이너스 전하를 소량 가지고 있기 때문에 수소 원자는 전계의 마이너스 측을 향하게 됩니다.

② 마이크로파는 플러스와 마이너스 극성이 바뀌는 전파입니다. 마이크로파를 쏘면 그 극성에 따라 물 분자의 방향도 변합니다.

전자레인지는 음식 내부의 물 분자를 엄청난 속도로 진동시켜 그 마찰열로 음식을 데웁니다.

마이크로파가 접촉하면 물 분자가 진동해요

물질을 구성하는 최소 단위를 '분자'라고 합니다. 물도 수 많은 물 분자가 모여서 만들어지지요. 물 분자를 자세히 보면 형태는 '〈' 모양이며 양쪽 끝은 마이너스 전기를, 구부러진 부분은 소량의 플러스 전기를 띠고 있습니다.

물 분자는 보통 각기 다른 방향으로 흩어져 있지만, 마이크로파를 쏘

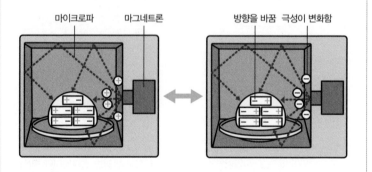

마이크로파로 음식을 데우는 원리

마이크로파 　　마그네트론　　　　　　방향을 바꿈　극성이 변화함

마그네트론에서 발생하는 마이크로파가 플러스 · 마이너스 극성을 전환하면 이에 따라 음식 속의 물 분자도 방향을 바꿉니다. 이것을 1초에 24억 5천만 번의 빠른 속도로 반복하면 물 분자가 진동하고, 그 마찰열로 음식이 따뜻해집니다.

면 플러스 부분과 마이너스 부분이 방향을 일치시키려고 움직입니다. 물 분자는 마이크로파 전기의 힘에 의해 1초에 24억 5천만 번의 속도로 방향을 바꾸면서 고속 진동을 하게 됩니다. 이때 물 분자끼리 부딪치거나 스쳐서 생기는 마찰로 열이 발생하는 것이지요.

전자레인지로 데울 수 없는 것도 있어요

마이크로파는 마그네트론이라는 전자관에서 방출됩니다. 그런데 전자레인지 내부에는 마그네트론이 한쪽에만 있기 때문에 전자레인지를 작동시켰을 때 마이크로파가 균일하게 접촉하지 않는 곳이 생겨, 음식이 데워지는 정도에 부분적으로 차이가 발생합니다. 그렇기 때문에 일반적으로는 회전판을 회전시키면서 가열합니다. 최근에는 내부의 마이크로파가 난반사하는 구조로 만들거나, 마이크로파 안테나 자체를 회전시키는 방법 등으로 회전판 없이도 음식을 균일하게 가열할 수 있는 전자레인지도 있습니다.

당연한 얘기지만 전자레인지는 수분이 없는 것은 가열할 수 없습니다. 예를 들어 유리나 도자기 등의 식기는 마이크로파가 그대로 통과해 버립니다. 전자레인지로 가열한 음식을 꺼낼 때 그릇도 따뜻해졌다고 느낄 수 있지만, 사실 그것은 음식의 열이 그릇에 전달된 것입니다.

또한 얼음도 가열하기 어려운 물질입니다. 냉동식품을 데울 때는 얼음이 녹아서 발생한 수분이 먼저 가열되기 시작하고, 점차 음식 전체가 따뜻해집니다.

냉장고는 어떻게 음식을
차갑게 만들까요?

어라, 아이스박스의 얼음이 녹았어요! 이러면 주스가 미지근해져 버리잖아요. 아이스박스는 얼음이 없으면 완전 쓸모가 없네요. 역시 냉장고가 최고예요.

하하하, 옛날에는 냉장고에도 얼음을 넣었단다. 그런데 요즘 냉장고는 얼음도 없는데 온도가 어떻게 시원하게 유지되는지 신기하지 않니? 그 방법은 냉장고 안의 공기의 열을 빼앗아 바깥으로 방출하는 거란다.

어떻게 공기에서 열을 빼내는 거죠?
냉장고 주변이 뜨거운 것과 관계가 있을까요?

액체가 증발하면 열을 빼앗아요

　냉장고의 냉각 원리를 간단하게 설명하자면, 냉장고 내부의 공기에서 열을 빼앗아 밖으로 방출하는 원리입니다. 차가운 공기의 양을 늘리는 것이 아니라 공기 중의 열을 줄이는 것이지요.

열을 줄이기 위해 '기화열' 원리를 이용합니다. 예를 들어, 팔에 주사를 맞기 전에 알코올로 소독을 하면 시원한 느낌이 들지요? 그건 액체 상태의 알코올이 기체가 되어 증발하면서 피부 표면의 열을 빼앗기 때문입니다. 이처럼 액체가 기체가 될 때, 열을 빼앗아 주변을 냉각시키는 현상을 기화열이라고 합니다. 냉장고는 바로 이 기술을 응용한 것이죠.

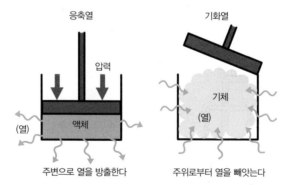

상태의 변화에 따른 열의 이동

기체에 압력을 가하면 액체가 되고, 열을 방출합니다. 이것을 응축열이라고 합니다. 압력을 줄이면 액체가 기체로 바뀌면서 주변의 열을 빼앗습니다. 이것을 기화열이라고 합니다. 냉장고는 이 원리를 이용합니다.

냉매가 열을 빼앗아 밖으로 내보내요

　냉장고의 원리를 살펴봅시다. 냉장고 안을 보면 파이프가 구불구불하게 연결된 것을 볼 수 있습니다. 파이프를 쭉 따라가보면 냉장고 뒤편의 '컴프레서(압축기)'라는 기계에 연결되어 있는 것을 볼 수 있지요. 그리고 이 컴프레서가 냉장고의 뒷면을 거쳐 다시 냉장고 내부로 돌아가는 순환 구조로 이루어져 있습니다.

파이프 안에는 '냉매'라고 하는 가스(기체)가 순환하고 있습니다. 이 냉매는 압력을 가하면 액체로 변합니다.

냉매는 냉장고 안팎을 빙글빙글 돌면서 순환하는데, 밖에서는 액체 상태였다가 냉장고 안으로 들어갈 때 기체로 변합니다. 이 기화를 통해 냉장고 내부의 열을 흡수하여 냉각시킵니다. 한편, 냉매가 안에서

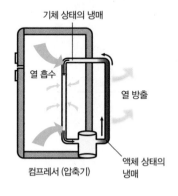

냉장고를 차갑게 만드는 냉매의 작용

기체 상태의 냉매

열 흡수

열 방출

컴프레서 (압축기)

액체 상태의 냉매

냉장고의 파이프 속에는 냉매가 순환하고 있습니다. 액체 상태의 냉매가 냉장고 내부에 들어가면 압력이 낮아져 기화하고, 냉장고 내부의 열을 빼앗습니다. 기체 상태의 냉매에 컴프레서로 압력을 가하면 냉매는 액체 상태로 돌아가고 냉장고 내부에서 빼앗은 열을 밖으로 방출합니다. 이것을 반복하여 냉장고 내부의 열을 밖으로 운반하여 냉장고 안을 차갑게 만듭니다.

밖으로 나올 때는 기체 상태인 냉매가 컴프레서에서 압축되어 액체로 변합니다. 이때는 기화와는 반대로 열을 발산하기 때문에 냉장고 밖으로 열을 내보낼 수 있습니다.

이처럼 내부의 열을 빼앗고, 빼앗은 열을 밖으로 발산하는 과정을 반복하면서 냉장고 안을 차갑게 만드는 것이지요.

에어컨도 냉장고와 같은 원리예요

방 안을 시원하게 만들어주는 에어컨 원리는 냉장고와 동일합니다. 에어컨은 방 안에 있는 에어컨 본체와 방 밖의 실외기가 파이프로 연결되어 있습니다. 그리고 파이프 안에는 냉매가 흐르고 있습니다. 본체에서 기화한 냉매가 방 안의 공기에서 열을 빼앗고, 실외기에서 냉매가 압축되어 액화하고 열을 방출합니다. 다시 말해, 에어컨은 냉장고의 구조를 실내의 본체와 실외기 두 부분으로 나눈 것과 같지요.

요즘 냉매에는 주로 이소부탄이라는 물질이 사용되고 있습니다. 예전에는 프레온 가스를 사용했지만, 이 프레온 가스가 오존층을 파괴하는 물질이라는 것이 밝혀져 사용을 중지하게 되었고, 그 후에 개발된 대체 프레온 가스 역시 온실 효과를 일으키기 때문에 지금은 사용을 엄격하게 규제하고 있습니다. 반면에, 이소부탄은 원래 자연계에 존재하는 물질이기 때문에 자연 냉매라고도 불립니다.

01

우리는 어떻게 텔레비전으로 영상을 볼 수 있는 걸까요?

어제 텔레비전으로 야구 중계를 보다가 문득 든 생각인데, 먼 곳에서 촬영한 영상을 집에서 실시간으로 볼 수 있다는 건 엄청난 기술 아닌 가요?

텔레비전의 영상은 전기 신호로 전송되는 것이란다. 사실 텔레비전 화면에 보이는 영상은 사람이든 풍경이든 모두 세 가지 색을 띠는 빛의 점들이 모여서 만들어지는 거야.

텔레비전의 영상은 세 가지 색의 빛으로 구성되어 있어요

텔레비전 프로그램의 화상은 방송국과 송신소에서 전파로 송신합니다. 집에 있는 텔레비전은 그 신호에 따라 송출된 선 형상의 화상을 하나씩 왼쪽에서 오른쪽, 위에서 아래로 순서대로 배열하여 원래대로 하나의 화상으로 복원합니다. 이 화상은 텔레비전에 1초에 30장 정도의 속도로 전송됩니다. 그렇게 해서 움직이는 영상으로 보이는 것이지요.

텔레비전 영상을 확대해 보면 빨간색, 녹색, 파란색 점이 하나의 그룹이 되어 질서정연하게 배열되어 있습니다. 텔레비전은 이 세 가지 색을 켜거나 끄면서 거의 대부분의 색상을 만들어냅니다. 예를 들어 빨간색과 녹색을 함께 켜면 노란색이 되고, 세 가지 색을 모두 켜면 흰색이 됩니다. 그리고 빨간색, 녹색, 파란색을 모두 끄면 검은색이 됩니다. 이 빨간색, 녹색, 파란색의 세 가지 색상은 '빛의 삼원색'이라고 불리며, 영어 이니셜(빨간색: RED, 녹색: GREEN, 파란색: BLUE) 을 나열하여 'RGB'라고도 부릅니다.

텔레비전 화면은 세 가지 색상의 빛과 그 밝기의 강약 조절을 통해 비추어지는 것이지요.

액정 텔레비전이 영상을 비추는 원리

요즘은 일반 가정용 텔레비전으로 디스플레이에 액정이 사용된 액정 텔레비전을 주로 선택하는 추세입니다.

액정은 액체와 고체의 성질을 모두 가지는 물질입니다. 액정 분자를

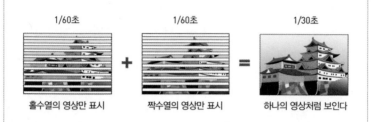

텔레비전 화면은 60분의 1초마다 바뀌어요

1/60초   1/60초   1/30초

홀수열의 영상만 표시   짝수열의 영상만 표시   하나의 영상처럼 보인다

텔레비전 화면은 홀수열 영상과 짝수열 영상을 60분의 1초의 속도로 아주 빠르게 전환하면서 표시합니다. 그러면 사람의 눈에는 잔상에 의해 하나의 영상으로 보입니다.

막대기 형태라고 생각해봅시다. 전압을 가하면 결정의 방향이 바뀌면서 빛을 통과시키기도 하고, 통과시키지 않기도 합니다. 예를 들어, 막대기를 세워서 배열하면 정면에서 오는 빛은 통과할 수 없지만, 막대기를 눕히면 빛이 통과할 수 있습니다. 그리고 막대기를 비스듬하게 세우면 통과하는 빛의 양을 조절할 수도 있지요. 이 막대기가 세워진 형태를 전기를 통해 제어하는 것이 액정 디스플레이의 기본 원리입니다. 액정 디스플레이 중에서는 일반적으로 TN형 액정이 사용됩니다. TN형 액정은 비틀어진 액정과 세로 방향 혹은 가로 방향의 빛만 통과시키는 '편광판'을 조합하여 빛을 제어합니다. 오른쪽 페이지 그림을 볼까요?

액정 디스플레이의 주요 구조는 액정을 끼운 투명한 판 두 장과 편광판 두 장, 광원인 백라이트로 구성됩니다. 액정을 끼운 투명판에는 홈이 있고 홈의 방향은 90도 직각으로 교차합니다. 각각의 홈에 액

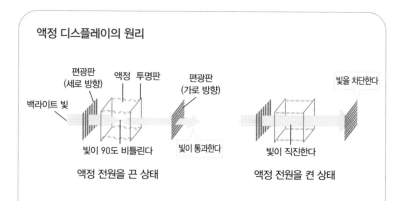

액정 디스플레이의 원리

빛을 차단한다

편광판
(세로 방향)   액정 투명판   편광판
(가로 방향)

백라이트 빛

빛이 90도 비틀린다   빛이 통과한다

액정 전원을 끈 상태

빛이 직진한다

액정 전원을 켠 상태

액정은 전원이 꺼져 있으면 빛을 90도 비트는 성질이 있습니다. 액정은 세로 방향의 빛만 통과하는 편광판과 가로 방향의 빛만 통과하는 편광판 사이에 끼워져 있습니다. 세로 방향의 편광판을 통과한 빛은 액정이 꺼져 있을 때는 90도 비틀어지면서 가로 방향의 편광판을 통과할 수 있지만, 액정이 켜져 있을 때는 통과할 수 없습니다. 이 방법으로 백라이트 빛을 화면에 비출지 비추지 않을지를 제어합니다.

정 분자를 배열하면 액정 분자의 방향도 90도 비틀어진 상태가 됩니다. 편광판 두 장 중 한 장은 세로 방향의 빛만 통과하고, 다른 한 장은 가로 방향의 빛만 통과합니다.

한 장의 편광판에 빛을 통과시키면 액정 분자에 따라 빛이 90도 비틀려 통과하기 때문에 또 다른 편광판도 통과할 수 있습니다. 그러나 액정 분자에 전압을 가하면 분자가 직립하여 비틀림이 사라집니다. 빛이 들어와서 그대로 직진하기 때문에 또 다른 편광판에 막히게 되지요. TN형 액정은 이 원리에 따라 전압을 이용하여 빛이 편광판을 통과하게 하기도 하고 통과하지 못하게 조절하기도 합니다. 그리고 여기에 빨간색, 녹색, 파란색의 컬러 필터를 조합하여 액정 디스플레이에서 다양한 색을 표현할 수 있습니다.

01

LED는 어떤 원리로 빛을 내는 것일까요? 왜 에너지 효율이 좋다고 하는 걸까요?

집 조명을 LED로 바꾸고 나서 전기세가 줄어들었다고 엄마가 좋아했어요! LED는 어떻게 전기를 절약할 수 있는 걸까요?

LED는 반도체에 전류를 흘려보내서 빛을 내는 거야. 열을 많이 방출하지 않으면서 빛을 내기 때문에 에너지 효율이 좋은 거란다. 소비 전력은 형광등의 약 절반 정도에 불과하지.

어떻게 빛을 내는 거예요?
반도체라는 말은 자주 들어봤는데, 그게 뭐죠?

LED는 전기가 흐르면 빛을 내는 반도체의 한 종류예요

　LED에서 중요한 역할을 하는 것은 반도체라고 하는 전자제품입니다. 가전제품처럼 상점에서 판매되는 물건이 아니라서 낯설게 느껴질 수도 있는데요, 반도체는 이미 온갖 제품에서 사용되고 있습니다. 교통, 통신 등의 사회 인프라에서도 반도체가 사용되고 있기 때문에 우리가 생활하는 데 꼭 필요한 존재이지요.
반도체는 금속처럼 전기를 통과시키는 '도체'와 유리처럼 전기를 통과시키지 않는 '부도체(절연체)'의 성질을 모두 가지고 있습니다. 도체가 될 수도 있고 부도체가 될 수도 있는 신기한 특성을 가지고 있어서 '반(半)'도체라고 부릅니다.

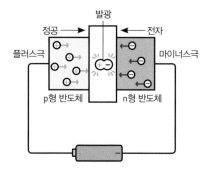

LED가 빛을 내는 원리

발광
정공 → 　　 ← 전자
플러스극 　　 마이너스극
p형 반도체 　　 n형 반도체

LED는 플러스 전기를 많이 가지고 있는 p형과 마이너스 전기를 많이 가지고 있는 n형, 이 두 종류의 반도체로 구성됩니다. 여기에 전압을 걸면 플러스 전기를 띠는 정공(正孔)과 마이너스 전기를 띠는 전자가 이동하고, 접촉하여 결합합니다. 이때 많은 에너지가 빛으로 변환되어 방출되는데 이것이 LED가 빛을 내는 원리입니다.

반도체는 전기의 흐름을 제어하기 쉽고, 수명이 길고, 소비 전력이 적고, 응답이 빠르다 등의 다양한 특징이 있습니다. LED는 이러한 많은 특징 중 '빛을 낸다'는 성질을 이용한 것입니다. LED란 Light(빛) · Emitting(내다) · Diode(반도체)의 이니셜을 합친 것으로 '발광 다이오드'라고도 합니다.

정공과 전자가 접촉해 에너지를 방출해요

LED에서 빛을 내는 LED 소자는 마이너스 전자를 많이 가지고 있는 'n형'과 플러스 전기를 가진 정공(전자가 빠진 구멍)이 많이 있는 'p형'의 두 가지 반도체를 접합시켜 만듭니다. n형이 凸, p형이 凹라는 이미지로 연상하면 되겠네요.

여기에 전압을 가하면 마이너스 전자와 플러스 정공이 이동하는데, 이동 도중에 이들이 강하게 부딪히며 결합합니다. 전자의 凸이 정공의 凹에 딱 맞는 모습이지요. 이 둘이 결합하면 원래 서로가 가지고 있었던 에너지보다 더 작은 에너지로 변합니다. 그리고 여기서 발생한 여분의 에너지가 빛으로 방출되는 것입니다. 이것이 LED가 빛을 내는 원리입니다.

LED는 단점이 없을까요?

LED가 획기적이었던 이유는 에너지 효율 때문입니다. 일반적으로 에너지는 변환하면 할수록 낭비가 심해집니다. 기존에 사용하던

백열등이나 형광등은 전기 에너지를 일단 열이나 자외선으로 변환한 후에 빛으로 바꾸었기 때문에 에너지 손실이 크다는 단점이 있었습니다.

그러나 LED는 전기를 직접 빛 에너지로 변환할 수 있기 때문에 손실이 적고 변환 효율이 대단히 높다는 장점이 있습니다. 전기 에너지를 가시광(눈에 보이는 빛)으로 변환할 때의 효율은 백열등이 10%, 형광등이 20%인데 반해 LED는 30~50%에 이릅니다. 또한 직접 변환을 할 수 있다는 것은 열을 발생시키지 않는다는 의미이지요. 그렇기 때문에 안전성도 증가합니다.

LED 조명이 보급되기 시작했을 때는 초기 설치 비용이 비싸고, 조명 바로 아래쪽을 제외하고는 어둡다는 단점이 있었습니다. 그러나 기술이 발전하면서 이러한 단점은 해결되고 있습니다. 또한 LED 전구의 수명은 약 4만 시간으로 일반적인 백열전구의 10배 이상 길어서 장기적인 관점에서는 경제적이기도 합니다.

LED로 어떻게 흰빛을 낼 수 있는 걸까요?

흰빛은 '빛의 삼원색'인 빨간색 · 파란색 · 녹색을 혼합하여 만들 수 있습니다. 흰색 LED의 백색광을 만드는 방법은 여러 가지가 있는데, 현재는 파란색 LED에 노란색 형광체를 가하는 방식이 주류입니다. 그 외에도 빨간색 · 파란색 · 녹색의 LED 빛을 각각 혼합하는 방법도 있습니다.

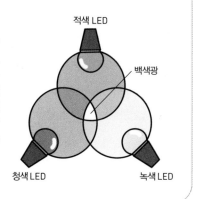

01

체지방계로 어떻게 몸속의 지방을 측정하는 걸까요?

 이런, 또 체중계 위에서 한숨을 쉬고 있구나. 몸무게가 늘어서 그런 걸까?

 아이, 참~! 체지방을 측정하고 있었다고요! 이 체중계로 체지방도 측정할 수 있거든요. 몸속에 있는 지방을 측정할 수 있다니 굉장하죠.

 발 부분에 금속 패드가 보이니? 그 패드에서 미량의 전기를 흘려보내서 측정하는 거란다.

'전기가 통과하기 어려운 정도'를 측정해요

　요즘 체중계는 '체지방계' 또는 '체조성계(體操成計)' 기능을 겸비하고 있습니다. 체중뿐만 아니라 체지방과 근육, 뼈, 수분 등 몸을 구성하고 있는 성분까지도 측정할 수 있지요. 측정하는 방법은 체중계와 마찬가지로 기계 위에 올라가기만 하면 됩니다. 이렇게 간단하게 인체의 내부까지 측정할 수 있다니 신기하지요.

대부분의 체지방계는 '생체 임피던스법'이라는 측정 방법을 사용합니다. 임피던스란 전기 저항을 의미합니다. 생체 임피던스는 사람의 몸 안에 약한 전류를 흘려보내고, 전기가 통과하기 어려운 정도를 측정해서 '체질량 지수' 등을 구하는데, 전기가 통과하기 어려운 정도를 나타내는 것이 전기저항값입니다.

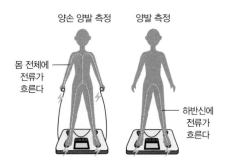

전기를 흘려보내서 측정하는 생체 임피던스 방법

양손 양발 측정　　양발 측정

몸 전체에
전류가
흐른다

하반신에
전류가
흐른다

신체에 아주 약한 전류를 흘려보내 체내의 전기저항값을 측정합니다. 가정용으로 많이 사용하는 양쪽 발을 이용해 측정하는 기계는 하반신에만 전류를 흘려보냅니다. 양손과 양발에 전류를 흘려보내면 더욱 정확하게 측정할 수 있습니다.

근육은 수분을 많이 포함하고 있기 때문에 전기가 통과하기 쉽고, 지방은 수분을 거의 포함하지 않기 때문에 전기가 통과하기 어렵습니다. 따라서 근육이 많으면 전기저항이 작고, 지방이 많으면 전기저항이 커집니다. 생체 임피던스는 이 성질을 이용하여 체지방량을 측정합니다.

측정 결과를 방대한 양의 데이터와 대조해요

보다 구체적으로 살펴보면, 체지방계의 금속 패드(전극)에 발을 올려두면 미량의 전기를 인체에 흘려보내 전기저항값을 측정합니다. 극히 적은 양의 전기이기 때문에 인체에 해롭지 않습니다.

또한 측정 전에 연령, 성별, 키와 같은 정보를 체지방계에 입력합니

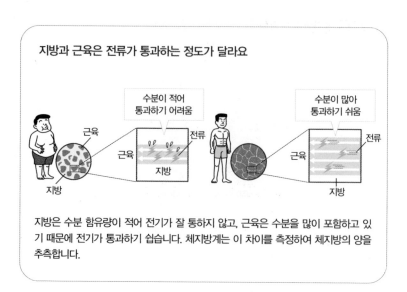

지방은 수분 함유량이 적어 전기가 잘 통하지 않고, 근육은 수분을 많이 포함하고 있기 때문에 전기가 통과하기 쉽습니다. 체지방계는 이 차이를 측정하여 체지방의 양을 추측합니다.

다. 그러한 정보를 입력하는 이유는 근육과 체지방 내의 수분량, 전기저항값은 연령, 키, 운동 습관 등에 따른 개인차가 있기 때문입니다. 그렇기 때문에 체지방계에는 남녀노소의 방대한 데이터가 입력되어 있고, 측정한 체중, 전기저항값 등을 데이터와 대조하여 보정합니다. 이렇게 해서 체질량 지수를 추정하여 산출하는 것이지요.

측정할 때마다 결과가 다르게 나오는 이유는 무엇일까요?

같은 날, 같은 체지방계를 사용했는데도 측정할 때마다 체질량 지수가 다르게 나올 때가 있습니다. 이것은 신체 내의 수분이 안정되어 있지 않은 상황에서 측정했기 때문입니다.

아침 · 점심 · 저녁, 식전 · 식후, 목욕 전 · 목욕 후 등등 신체의 수분량은 하루에도 크게 변화하며 전기가 통과하는 정도도 달라집니다. 예를 들면, 식후에는 체내에 수분이 축적되어 있기 때문에 체질량 지수가 낮게 나옵니다. 반대로 운동 직후에는 땀을 흘렸기 때문에 수분이 빠져나가 체질량 지수가 높게 나오지요.

체지방계로 측정을 하려면 저녁 식사 전 또는 목욕하기 전이 좋다고 합니다. 계측 시각이나 신체의 상황이 바뀌면 결과에도 영향이 있기 때문에, 체중 및 체질량 지수의 추이를 정확하게 점검하고 싶다면 가능한 한 동일한 시간대, 동일한 상황에서 측정하도록 합시다.

기온이 높은데도 선풍기 바람을 쐬면 왜 시원하게 느껴질까요?

방이 너무 더운걸. 선풍기를 켤까? …….
우와, 시원하다.

선생님, 방의 온도가 바뀌지 않았잖아요. 그런데 왜 선풍기 바람을 쐬면 시원하다고 느끼는 걸까요?

그건 말이지, 우리 주변에 있는 공기와 관련이 있어.

바람은 물체의 온도를 낮춰요

선풍기 바람을 쐬면 시원하다고 느끼지요. 부채를 부쳐도 산들바람 같은 시원한 느낌이 들고, 자전거를 타고 내리막길을 내려갈 때 바람이 몸에 닿으면 시원하다고 느낍니다. 그리고 뜨거운 라면을 먹을 때 후후 불어서 먹으면 면이 식어서 먹기 쉬워지죠. 바람은 물체의 온도를 낮출 수 있기 때문입니다.

그런데 북풍이나 에어컨 바람처럼 차가운 공기라면 이해가 되지만, 뜨거운 여름날의 미지근한 바람인데도 시원하게 느껴지는 이유는 무엇일까요? 여기에는 두 가지 이유가 있습니다. 그 핵심은 '공기'입니다.

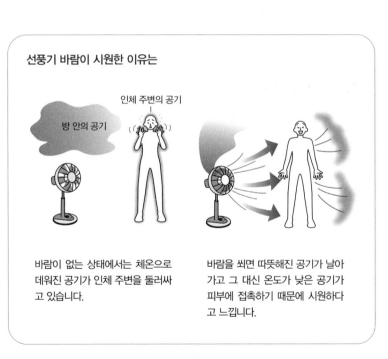

선풍기 바람이 시원한 이유는

인체 주변의 공기

방 안의 공기

바람이 없는 상태에서는 체온으로 데워진 공기가 인체 주변을 둘러싸고 있습니다.

바람을 쐬면 따뜻해진 공기가 날아가고 그 대신 온도가 낮은 공기가 피부에 접촉하기 때문에 시원하다고 느낍니다.

인체는 체온으로 데워진 공기에 둘러싸여 있어요

우리 주변에는 공기가 존재하는데, 가만히 있으면 공기가 신체 주변을 둘러싸고 있는 상태가 됩니다. 인체가 얇은 공기의 막에 둘러싸여 있는 것을 연상해봐도 좋겠네요.

실내의 기온이 체온보다 낮으면, 체온이 이 공기의 막으로 서서히 이동합니다. 실내 온도가 30도라고 하면 인체 주위의 기온은 30도보다 조금 더 높아지지요. 다시 말해, 인체는 보통 바깥공기보다 따뜻한 공기에 둘러싸여 있는 것입니다.

여기에 선풍기 바람을 쐬면 몸을 둘러싼 공기의 막이 부서지고 따뜻한 공기가 날아갑니다. 그곳에 아주 조금 더 시원한 바깥공기가 흘러들어가기 때문에 시원하게 느끼는 것입니다. 그러므로 난방 기구나

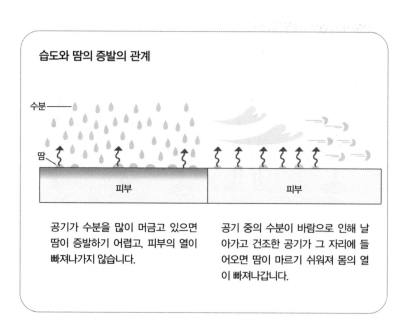

습도와 땀의 증발의 관계

수분 ──

땀 ──

피부

피부

공기가 수분을 많이 머금고 있으면 땀이 증발하기 어렵고, 피부의 열이 빠져나가지 않습니다.

공기 중의 수분이 바람으로 인해 날아가고 건조한 공기가 그 자리에 들어오면 땀이 마르기 쉬워져 몸의 열이 빠져나갑니다.

에어컨의 실외기에서 나오는 바람처럼, 체온보다 더 따뜻한 공기에 접촉하면 '시원하다'고 느끼지 않습니다.

습도가 높으면 땀이 잘 마르지 않아요

또 다른 이유는 공기 중에 포함된 수분과 관련이 있습니다. 인체에는 체온이 높아지면 땀을 배출해서 체온을 조절하는 기능이 있습니다. 이것은 수분이 증발할 때 열을 빼앗는 기화열(氣化熱)을 이용한 인체의 원리입니다.

증발한 수분은 공기 중으로 이동하는데, 공기에는 수분이 함유될 수 있는 한계량이 있습니다. 거의 한계량에 가까운, 다시 말해 '습도가 높은' 상태라면 수분이 증발하기 어렵습니다. 사람이 꽉꽉 들어찬 만원 버스에 더 이상 사람이 탈 수 없는 상태와 비슷하겠지요.

앞에서 이야기했던 '신체를 둘러싼 공기의 막'에는 이미 신체에서 배출된 수분이 포함되어 있습니다. 즉, 방의 습도가 그다지 높지 않더라도 신체 주변은 국부적으로 습도가 높은 상태입니다. 이 상태라면 땀이 증발하기 어렵고, 체온도 조절되지 않습니다.

이 상황에서 선풍기 바람으로 공기의 막을 파괴하면, 습도가 높은 공기가 날아가고 건조한 공기가 그 자리에 들어오게 됩니다. 그러면 다시 땀이 증발하기 쉬운 상태가 되고, 기화열로 체온이 내려가게 됩니다. 그래서 사람들이 시원하다고 느끼는 것이지요.

01
노이즈 캔슬링 헤드폰은 어떻게 소음을 차단할 수 있는 걸까요?

랄라라라라랄라라라 랄랄라라라~♪ 이 헤드폰은 정말 신기해요. 주변의 소음만 제거해 주니까 지하철 안에서도 좋아하는 음악에 집중할 수 있거든요.

노이즈 캔슬링 헤드폰이구나. 마이크가 있는 걸 보니 액티브 방식인가 보네? 전기적으로 소음을 차단하는 형식이란다.

소리를 전기적으로 차단한다는 게 무슨 뜻이에요? 그런데 소음만 제거할 수 있다니, 정말 엄청난 기술이네요.

소음만 제거하는 헤드폰

　지하철 등 주행 소음이 들리는 장소에서도 노이즈 캔슬링 헤드폰으로는 음악을 또렷하게 즐길 수 있습니다. 주변의 소음이나 노이즈만 제거해 주기 때문에 음악의 볼륨을 많이 높일 필요도 없고, 소리가 새어 나갈 걱정도 없습니다. 최근에는 음악을 틀지 않은 상태로 노이즈 캔슬링 기능만 켜서 잘 때 귀마개 용도로 사용하는 숨겨진 사용법도 있다고 하는군요.

노이즈 캔슬링 헤드폰에 적용된 특정한 소리만 차단할 수 있는 기술이 정말 신기하지요. 이 노이즈 캔슬링 기능에는 '패시브 방식'과 '액티브 방식'이라는 두 가지 종류가 있습니다.

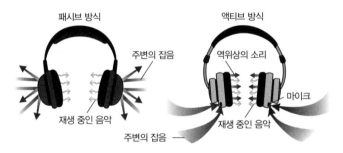

노이즈 캔슬링을 하는 두 가지 방식

패시브 방식　　　　액티브 방식

주변의 잡음

역위상의 소리

마이크

재생 중인 음악

재생 중인 음악

주변의 잡음

패시브 방식은 주변의 소음을 차단하고 음악만 재생합니다. 액티브 방식은 음악과 동시에 잡음을 소멸시키는 소리(역위상의 소리)를 재생합니다.

외부의 소리를 차단하는 패시브 방식

　패시브 방식은 외부에서 소음이 유입되는 것을 차단하는 방법으로, 마치 양쪽 귀를 손으로 누르고 있는 것과 같은 상태를 만듭니다. '음악을 들을 수 있는 귀마개'라고 하면 좀 더 이해하기 쉬울 수도 있겠네요.

패시브 방식의 장점은 고음역의 소음을 잘 제거한다는 것과 전원이 필요하지 않다는 것입니다. 그러나 한편으로는 외부 소리를 차단하기 때문에 지하철역의 안내 멘트 등 필요한 소리까지도 차단해버립니다. 또한 귀에 틈새 없이 밀착하는 구조이므로 답답하다고 느낄 수도 있습니다. 그래서 이러한 단점을 상쇄한 것이 액티브 방식입니다.

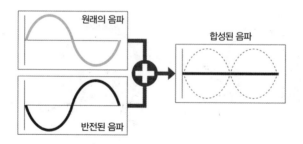

액티브 방식에 사용되는 '역(逆) 위상'

원래의 음파

합성된 음파

반전된 음파

원래의 음파에 정반대의 파형의 음파가 충돌하면 상쇄가 되어 소리가 사라집니다. 이 반대 파형을 가진 음파를 '역위상파'라고 합니다.

전기적으로 소음을 상쇄하는 액티브 방식

액티브 방식은 전기적으로 노이즈를 제거하는 방법입니다. 노이즈와 역(逆) 위상의 소리를 생성하고 그것을 노이즈와 충돌시켜 제거하는 기술입니다.

음파라는 단어에서 알 수 있듯이 소리는 공기가 물결처럼 진동하여 발생합니다. 그렇기 때문에 원래의 음의 파형과 정반대로 진동하는 파형을 충돌시키면 두 파형이 상쇄되어 소리가 사라집니다. 원래의 음파와는 반대의 파형을 역위상 파형이라고 하며 액티브 방식에서 이 원리를 이용합니다.

액티브 방식의 헤드폰 바깥쪽에는 주위의 음을 잡아내는 마이크가 있습니다. 마이크를 통해 파악한 주위 소리를 내부에서 분석하여 역위상의 음을 발생시킵니다. 액티브 방식의 헤드폰에서 흐르는 음원에는 사실 주변 노이즈의 역위상의 음이 더해져 있는 것이지요.

액티브 방식에는 전기적으로 발생시킨 소리를 충돌시키는 원리이므로 제거할 소리와 제거하지 않을 소리를 어느 정도 제어할 수 있다는 장점이 있습니다. 도로에서 들리는 차량의 주행음은 제거하고, 신호등에서 나는 소리는 제거하지 않도록 설계할 수도 있습니다. 그러나 액티브 방식에는 전원이 필요하기 때문에 헤드폰의 사이즈가 커질 수밖에 없습니다.

패시브 방식과 액티브 방식에는 각각의 장단점이 있기 때문에 어느 쪽을 선택할 것인지는 취향에 따라 달라집니다. 현재 시중에 판매되고 있는 노이즈 캔슬링 헤드폰 중에는 두 가지 방식의 장점만을 조합하여 더욱 쾌적하게 음악을 즐길 수 있도록 고안된 것도 있습니다.

01

복사기는 어떻게 원고와 똑같은 모양을 인쇄할 수 있을까요?

복사기는 참 신기해요. 빛이 윙 하고 지나가면 바로 복사가 되잖아요.

빛을 쏘아서 원고의 글자나 그림을 읽어들이는 거야. 기본적인 원리는 디지털카메라와 같단다. 그리고 그걸 현상하기 위한 또 다른 기술이 적용되어 있지.

찍는 원리는 디지털카메라와 같아요

　복사기에는 '찍는 기능'과 '인쇄하는 기능'이 합쳐져 있습니다. 카메라와 프린터가 합쳐진 것을 생각하면 연상하기 쉬울 것입니다. 복사기가 번쩍하고 빛나는 것은 카메라의 플래시와 같은 것입니다. 물체를 찍고 나서 인쇄할 때까지 몇 단계의 공정을 거치는데 먼저 어떤 순서로 진행되는지 알아보고, 그다음 하나씩 구체적으로 살펴봅시다.

　① 화상을 읽어들인다　② 읽어들인 화상을 감광체에 재현한다

　③ 감광체에 토너(분말 잉크)를 바른다

　④ 토너를 종이에 전사한다　⑤ 토너를 정착시킨다

①은 사진을 찍는 것과 같습니다. 원고에 강한 빛을 쏘고, 원고를 통과한 빛을 '촬상 소자(이미지 센서)'를 사용해 전기 신호로 변환합니다. 전기 신호의 원리는 아주 간단합니다. 글자가 적혀 있기 때

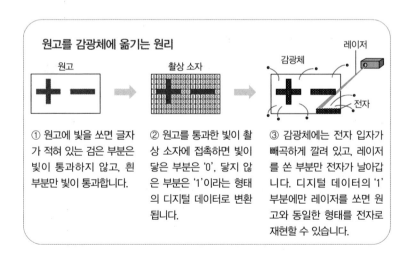

원고를 감광체에 옮기는 원리

원고 → 촬상 소자 → 감광체 / 레이저 / 전자

① 원고에 빛을 쏘면 글자가 적혀 있는 검은 부분은 빛이 통과하지 않고, 흰 부분만 빛이 통과합니다.

② 원고를 통과한 빛이 촬상 소자에 접촉하면 빛이 닿은 부분은 '0', 닿지 않은 부분은 '1'이라는 형태의 디지털 데이터로 변환됩니다.

③ 감광체에는 전자 입자가 빼곡하게 깔려 있고, 레이저를 쏜 부분만 전자가 날아갑니다. 디지털 데이터의 '1' 부분에만 레이저를 쏘면 원고와 동일한 형태를 전자로 재현할 수 있습니다.

문에 검은색이고 빛을 투과하지 않는 부분은 '1(빛이 없다)'로 인식하고, 아무것도 적혀 있지 않아서 빛이 통과하는 부분은 '0(빛이 있다)'이라고 인식합니다. 이 0과 1을 바탕으로 원고를 디지털 데이터로 변환합니다.

물체를 찍는 원리는 디지털카메라와 동일합니다. 그러나 디지털카메라는 화상 한 장을 한 번에 찍는 반면, 복사기는 위에서 아래로 주사선(走査線) 상에 적힌 글자나 그림의 형태를 읽어들입니다.

전기의 +와 -를 정교하게 구분하여 잉크를 부착해요

②감광체에 재현하는 단계는 이를테면 판화의 '판'을 만드는 것과 같습니다. 감광체는 빛과 접촉하면 표면에 붙어 있는 전자를 방출하는 성질을 가진 소재입니다. 이 시트 위에 전자를 빈틈없이 바르고,

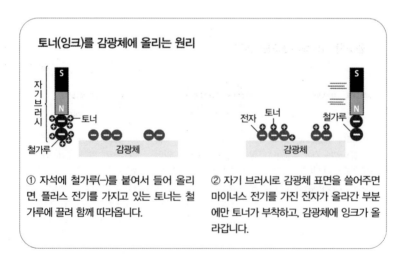

토너(잉크)를 감광체에 올리는 원리

① 자석에 철가루(–)를 붙여서 들어 올리면, 플러스 전기를 가지고 있는 토너는 철가루에 끌려 함께 따라옵니다.

② 자기 브러시로 감광체 표면을 쓸어주면 마이너스 전기를 가진 전자가 올라간 부분에만 토너가 부착하고, 감광체에 잉크가 올라갑니다.

읽어들인 디지털 데이터를 바탕으로 원고에 문자가 적혀 있지 않은 부분에만 레이저를 쏩니다. 그렇게 하면 그 부분의 전자가 방출되고, 결과적으로는 문자가 적혀 있는 부분에만 전자가 남아 있게 됩니다. 즉, 전자를 사용해서 감광체 위에 원고와 동일한 형태를 재현하는 것입니다.

그다음으로 ③토너를 바르는 단계는 판에 잉크를 바르는 것입니다. 이 단계에서는 전기의 플러스와 마이너스가 서로 당기는 성질을 이용하는데, +와 −의 기호를 눈여겨보도록 합시다.

토너(+)는 철가루(−)와 혼합한 '현상제'로 사용합니다. 자석의 N극을 현상제에 가까이 가져다 대면 그 안의 철분(−)이 자석에 끌리고, 토너(+)도 함께 달라붙습니다. 현상제가 붙은 자석으로 감광체의 표면을 쓸어주면 전자(−)가 있는 부분에만 토너(+)가 끌려서 달라붙습니다. 이 일련의 작업을 통해 글자 형태로 잉크가 부착됩니다.

다음으로는 그곳에 종이(−)를 가져다 댑니다. 감광체(−)가 당기는 힘보다 종이(−)가 당기는 힘이 강하기 때문에 토너(+)는 종이 쪽으로 이끌려가서 ④토너를 종이에 전사하는 공정이 완료됩니다.

그러나 이 과정은 단지 잉크가 올라가 있는 것이기 때문에 열을 가해서 ⑤정착시키는 단계를 거쳐야 합니다. 토너는 플라스틱이므로 열에 녹아 종이의 섬유에 스며들기 때문에 문지르더라도 쉽게 지워지지 않습니다. 이제 복사가 완료되었습니다. 그리고 나서 다음 복사를 위해 감광체에 남은 전자를 모두 완전히 털어냅니다.

아주 단순하게 설명했지만 실제로는 복잡한 공정들이 작은 사이즈의 기계 안에서 짧은 시간에 실행되기 때문에 복사라는 작업에는 이론적인 것 이상으로 다양한 기술들이 적용되어 있습니다.

01

110V 콘센트는 왜 이런 모양일까요?

110V 콘센트를 자세히 보면 구멍의 좌우 길이 가 다른 경우가 있단다. 몰랐지?

정말이네요! 그럼 왼쪽이랑 오른쪽에 무슨 차 이가 있는 건가요? 전원 플러그를 꽂을 때도 정해진 방향으로 꽂아야 하나요?

우리나라는 110V 콘센트를 거의 쓰지 않기 때 문에 신경 쓰지 않아도 괜찮아. 다만 미국이나 일본 등으로 해외 여행을 갈 경우 전기를 안전 하게 사용하려면 콘센트의 구조를 알고 있는 게 좋겠지.

110V 콘센트는 왼쪽 오른쪽 구멍의 길이가 달라요

우리가 흔히 쓰는 220V 콘센트는 동그란 구멍 두 개가 뚫려 있지만 외국에서 주로 쓰이는 110V 콘센트는 11자 형태로 직사각형 구멍이 두 개 뚫려 있습니다. 그런데 양쪽 구멍 크기가 동일한 220V와 달리 110V는 오른쪽 구멍이 7mm, 왼쪽 구멍이 9mm로 왼쪽 구멍의 길이가 더 긴 경우가 있어요.

구멍의 길이가 다른 이유는 각각의 역할이 다르기 때문입니다. 콘센트의 역할은 전기를 공급하는 것인데, 실제로는 오른쪽 구멍에만 전압이 걸립니다. 그럼 왼쪽 구멍은 무슨 역할을 할까요? 왼쪽 구멍은 전기를 흘려보내는 통로의 역할을 합니다.

일반적인 가정의 전압은 100~120V 내지 220~240V이며, 보통 가전제품은 이 전압에 맞춰 만들어집니다. 그러나 송전 설비가 고장 나거나 벼락의 영향 등으로 인해 규정 이상의 전압이 걸리는 경우가 있습니다. 그럴 때 전기를 흘려보내는 길이 없다면 가전제품이 고장 나겠지요. 이렇게 전기를 흘려보내는 길이 콘센트의 왼쪽 구멍이며 '접지(어스)'라고 합니다.

전원 플러그는 좌우 어느 방향으로 끼우든 문제없어요

콘센트 구멍 좌우에 각각 역할분담이 있기는 하지만, 가전제품의 전원 플러그를 끼우기 전에 좌우를 확인할 정도로 예민해질 필요는 없습니다. 왜냐하면 끼우는 쪽의 전원 플러그는 좌우의 크기가 같기 때문에 어느 방향으로 끼워도 작동할 수 있습니다.

그러나 오디오 기기나 통신기기 등 일부 섬세한 기기들은 110V 플러그의 좌우를 명시하는 경우가 있습니다. 전원 플러그를 콘센트에 올바른 방향으로 끼우면 오디오의 경우에는 노이즈가 확실히 캔슬링된 고음질을 재현할 수 있고, DVD나 블루레이 등의 영상 재생 기기는 화질이 향상된다고 합니다.

왜 구멍이 세 개인 콘센트가 있을까요?

컴퓨터 등의 정밀 기기는 전원 플러그가 3핀인 경우가 있습니다. 최근에는 이 플러그를 끼우기 위한 3홀 콘센트도 등장했습니다. 3

110V 3핀 플러그의 콘센트와 접지선

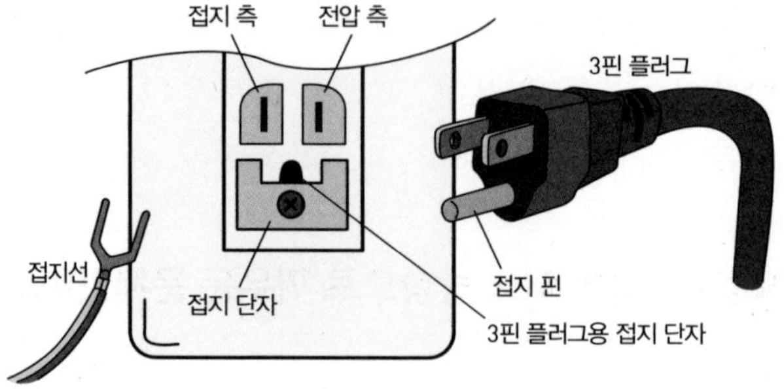

접지 측   전압 측

3핀 플러그

접지선

접지 단자

접지 핀

3핀 플러그용 접지 단자

콘센트의 오른쪽 구멍은 전력을 공급하는 전압 측, 왼쪽 구멍은 전력을 내보내는 접지(어스) 측입니다. 접지 단자에는 누전을 차단하기 위해 접지선을 연결하는데, 최근에는 전자파 및 노이즈를 제거하는 효과에 주목하고 있습니다.

홀 콘센트는 일반적으로 좌우에 직사각형 구멍이 있고, 그 아래에 둥근 타원형의 작은 구멍이 있습니다. 이 세 번째 단자가 접지(어스)이며 감전 방지 및 전자파를 흘려보내는 역할을 합니다.

또한 세탁기나 냉장고, 전자레인지 등 물 가까이에서 사용하는 가전제품에는 대부분 전원 플러그와는 별개로 앞이 두 갈래로 갈라진(혹은 동선이 드러나 있는) 녹색 코드가 부속되어 있습니다. 이것이 접지선입니다. 수분이나 습기가 많은 곳은 누전으로 인한 감전 사고가 발생하기 쉽습니다. 그래서 물을 사용하는 장소에서 사용하는 콘센트는 접지선을 접속하여 전기를 지면으로 흘려보내는 구조로 만들어졌습니다. 누전으로 인한 감전 사고를 방지하기 위해서이지요.

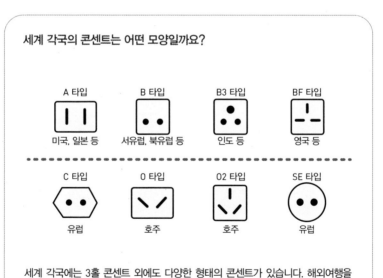

세계 각국의 콘센트는 어떤 모양일까요?

A 타입	B 타입	B3 타입	BF 타입
미국, 일본 등	서유럽, 북유럽 등	인도 등	영국 등

C 타입	O 타입	O2 타입	SE 타입
유럽	호주	호주	유럽

세계 각국에는 3홀 콘센트 외에도 다양한 형태의 콘센트가 있습니다. 해외여행을 갈 때는 여행지의 콘센트 모양을 미리 조사하여 변환 어댑터를 준비합시다.

02

2장

-

집 안에서
찾아볼 수 있는 과학

02

세제를 사용하면 어떻게 기름때를 지울 수 있는 걸까요?

앗, 옷에 햄버거 소스가 묻었어요!
일단 물티슈로 닦으면 될까요?

세제를 묻혀서 제대로 빨아두는 게 좋을 거야.
물만 가지고는 옷에서 기름을 제거할 수 없거
든. 물과 기름은 사이가 나쁘기 때문이지.

그럼 물과 기름이 사이가 좋아지면 얼룩이 지
워지는 건가요? 잘 모르겠어요. 자세하게 알려
주세요!

물과 기름은 섞이지 않아요

 식사 중에 소스를 흘려서 옷에 얼룩이 져 버렸을 때, 그 자리에서 바로 물로 씻거나 물티슈로 닦아내더라도 얼룩이 완전히 지워지지 않고 희미하게 남아있지요. 소스의 기름 성분이 섬유 조직 사이사이에 달라붙어 있기 때문입니다.

사이가 좋지 않은 관계를 가리켜 흔히 '물과 기름'이라고 표현하기도 하는데요, 실제로 물과 기름은 섞이지 않습니다. 물은 물끼리, 기름은 기름끼리 모이려고 하는 성질이 있기 때문에 섞더라도 분리되어 버리지요. 물과 기름이 달라붙지 않으면 섬유에서 기름을 제거할 수가 없습니다.

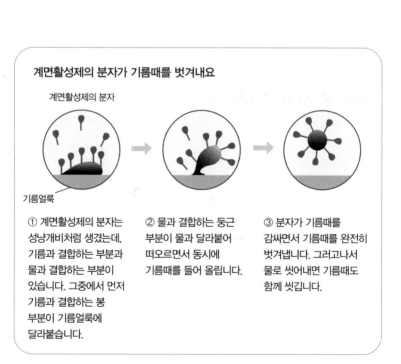

계면활성제의 분자가 기름때를 벗겨내요

계면활성제의 분자

기름얼룩

① 계면활성제의 분자는 성냥개비처럼 생겼는데, 기름과 결합하는 부분과 물과 결합하는 부분이 있습니다. 그중에서 먼저 기름과 결합하는 봉 부분이 기름얼룩에 달라붙습니다.

② 물과 결합하는 둥근 부분이 물과 달라붙어 떠오르면서 동시에 기름때를 들어 올립니다.

③ 분자가 기름때를 감싸면서 기름때를 완전히 벗겨냅니다. 그러고나서 물로 씻어내면 기름때도 함께 씻깁니다.

여기서 물과 기름이 섞이지 않는 상태를 해결해 주는 것이 세제입니다. 세제의 미세한 성분(분자) 구조를 알면 기름때를 지우는 원리를 이해할 수 있습니다.

계면활성제는 기름때와 물을 결합시켜요

세제 성분의 분자를 침 끝에 구체가 달려 있는 성냥개비 모양이라고 연상해보세요. 침 부분은 '친유기(親油基)'라고 하며 기름과 잘 결합하고, 구체 부분은 '친수기(親水基)'라고 하는데, 물과 잘 결합하는 성질을 가지고 있습니다.
세제를 물에 넣으면 먼저 기름과 잘 결합하는 침 부분이 기름때에 달

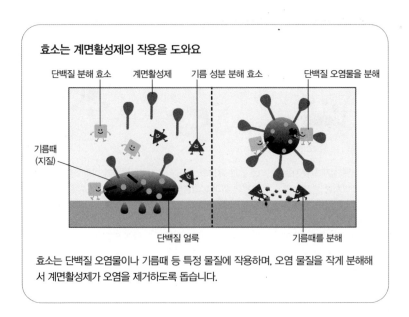

효소는 계면활성제의 작용을 도와요

단백질 분해 효소   계면활성제   기름 성분 분해 효소   단백질 오염물을 분해

기름때
(지질)

단백질 얼룩   기름때를 분해

효소는 단백질 오염물이나 기름때 등 특정 물질에 작용하며, 오염 물질을 작게 분해해서 계면활성제가 오염을 제거하도록 돕습니다.

라붙습니다. 이때 물과 잘 결합하는 구체 부분은 물과 결합하여 기름에서 멀어지려고 하기 때문에 침 부분이 기름에 꽂혀 있는 것 같은 모양이 됩니다. 이렇게 해서 세제 분자가 차례차례 기름때에 달라붙게 되고, 기름때를 덮은 듯한 형태가 됩니다.

그리고 구체 부분이 물 위로 떠오르면 그 힘으로 기름때가 들어올려지고 섬유에서 떨어지게 됩니다. 떨어져 나온 기름에 세제 성분의 분자가 결합하고, 기름 전체를 에워쌉니다. 그렇기 때문에 기름이 섬유에 다시 달라붙을 수 없습니다. 이렇게 해서 섬유에서 분리된 기름때를 물로 씻어내면 옷이 깨끗해지는 것입니다.

또한 세제 성분은 섬유 표면을 덮는 작용도 하기 때문에 오염물이 섬유에 다시 달라붙는 것을 막는 효과도 있습니다. 이 친유기와 친수기를 가지는 세제 성분을 〈계면활성제〉라고 합니다.

효소는 계면활성제의 작용을 도와요

세제 중에는 '효소 성분 함유'라고 광고하는 제품이 있습니다. 우리가 하루 종일 입은 옷에는 땀으로 인한 얼룩이나 때처럼 단백질을 포함하는 오염물질과 음식을 흘려서 생긴 전분질(녹말) 오염 등이 묻어 있습니다. 효소는 이러한 오염물질을 작게 분해해서 계면활성제의 작용을 돕는 역할을 합니다. 우리가 음식을 먹으면 소화효소가 작용해 영양분이 흡수되기 쉬운 형태로 분해하는 것과 마찬가지이지요.

효소는 특정한 것에만 작용하는 성질이 있습니다. '프로테이스'라는 효소는 단백질에 작용하고, '아밀레이스'는 전분질에, '라이페이스'는 지질에 작용합니다. 그렇기 때문에 효소를 사용할 때는 오염의 종류에 따라 적절한 효소를 선택해야 합니다.

02

물을 많이 흡수해도
종이 기저귀가 새지 않는
비결은 무엇일까요?

요즘은 사용하고 남은 종이 기저귀를 다양한 방법으로 활용하고 있다고 하네. 튀김을 만들고 난 기름을 처리할 때 사용하거나, 음료수를 쏟았을 때 걸레 대용으로도 사용한다고 하더라고.

종이 기저귀는 물을 아주 많이 흡수할 수 있잖아요. 대체 어떤 소재를 사용한 걸까요?

종이 기저귀는 다층 구조로 만들어져 있고, 핵심 재료로 고분자 흡수체라고 하는 흡수재가 사용되었어. 그래서 기저귀 무게의 수십 배나 되는 수분을 젤 형태로 굳힐 수 있단다.

종이 기저귀는 크게 분류하면 세 겹으로 나눌 수 있어요

　종이 기저귀를 손에 쥐어보면 깜짝 놀랄 정도로 얇다는 걸 느낄 수 있을 것입니다. 종이 기저귀는 어떻게 소변을 여러 번 흡수하면서도 새지 않을까요?

종이 기저귀를 분해해보면 여러 가지 소재가 겹쳐져 있는데, 크게 세 층으로 이루어져 있습니다. 아기의 피부에 직접 접촉하여 소변을 받는 표면 시트, 그 아래에는 소변을 흡수하여 고체화하는 흡수재, 그리고 가장 바깥쪽에는 흡수한 소변이 밖으로 새어나가지 않게 하는 방수재의 구조입니다. 그리고 안쪽과 바깥쪽에 소변을 새는 것을 막아주는 입체 게더가 있습니다.

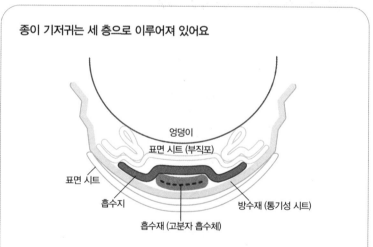

종이 기저귀는 세 층으로 이루어져 있어요

엉덩이
표면 시트 (부직포)
표면 시트
흡수지
방수재 (통기성 시트)
흡수재 (고분자 흡수체)

종이 기저귀는 크게 분류하면 표면재, 흡수재, 방수재의 세 겹으로 구성됩니다. 표면재가 소변을 받아 흡수재에 보내면 흡수재가 그 소변을 흡수하여 고체로 만듭니다. 제일 바깥쪽에 있는 방수재는 소변이 새어나가지 않도록 막는 역할을 합니다.

고분자 흡수체로 액체를 젤 형태로 바꿔요

　우선 아기의 피부에 직접 접촉하는 표면 시트는 부직포 재질입니다. 부직포는 섬유를 열로 녹이거나 수류(水流) 등의 압력을 사용해 결합시켜 한 장의 천으로 만든 것입니다. 일반적인 천보다 흡수성이 낮기 때문에 소변이 곧바로 아래의 흡수재로 이동하며, 역류하지 않습니다. 또한 피부에 직접 접촉되는 면을 보송하게 유지합니다.

표면재 아래에는 흡수지가 있습니다. 이 흡수지는 소변을 즉시 흡수재로 보냅니다. 흡수재는 소변을 흡수하는 핵심적인 역할을 합니다. 흡수재에는 '고분자 흡수체(고분자 폴리머)'라는 미세한 분말 형태의

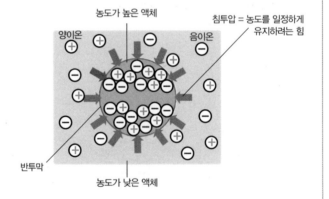

고분자 흡수체는 '침투압' 으로 물을 흡수해요

농도가 높은 액체

침투압 = 농도를 일정하게 유지하려는 힘

양이온　　음이온

반투막

농도가 낮은 액체

반투막은 물은 통과시키지만 물에 녹은 이온은 통과시키지 않습니다. 이 막의 안쪽과 바깥쪽에 농도가 다른 액체가 있으면 농도가 낮은 쪽에서 높은 쪽으로 물이 이동하여 농도를 일정하게 유지하는 '침투압' 원리가 작용합니다. 고분자 흡수체에는 이온 농도가 높은 성분이 포함되어 있기 때문에 소변처럼 이온 농도가 낮은 액체를 흡수합니다.

물질이 사용됩니다.

고분자 흡수체는 많은 분자들이 그물 모양으로 연결된 물질인데, 고분자 흡수체 1g으로 수백 g의 물을 흡수할 수 있습니다. 기저귀에 사용되는 고분자 흡수체는 '침투압' 원리를 이용하여 소변을 흡수합니다.

침투압이란 농도가 다른 두 액체를 반투막(半透膜, 물은 통과시키지만 물에 녹은 물질은 통과시키지 않는 막)으로 나누었을 때 물이 농도가 낮은 쪽에서 높은 쪽으로 이동하려는 압력을 의미합니다. 농도 차이가 커지면 커질수록 침투압도 커집니다.

고분자 흡수체의 내부는 이온 농도가 높고, 소변은 이온 농도가 낮기 때문에 소변의 수분이 고분자 흡수체에 흡수되는 것이지요. 그리고 흡수된 수분은 젤 형태로 굳어버리기 때문에 밖으로 새어나가지 않습니다.

방수시트는 통기성이 있어요

종이 기저귀의 바깥쪽에 있는 방수시트는 흡수한 소변이 바깥으로 새어나가지 않게 하면서도 통기성이 있는 시트입니다. 방수시트에는 육안으로 볼 수 없는 마이크로 단위의 구멍이 뚫려 있기 때문에 수증기와 같은 기체는 통과하지만 소변과 같은 액체는 통과할 수 없습니다. 소변은 새지 않으면서도 습기는 빠져나가기 때문에 종이기저귀 내부가 습해져서 엉덩이가 짓무르는 것을 방지합니다.

아기가 움직이기 쉽고, 쾌적하게 착용할 수 있도록 종이 기저귀에는 다양한 과학 원리가 적용되어 있는 것이지요.

IH 인덕션은 어떻게 불 없이도
요리를 할 수 있을까요?

우리 집 부엌에 IH 인덕션을 설치했어요. 불을 사용하지 않는데 어떻게 주전자나 냄비를 데울 수 있는 걸까요?

IH 인덕션은 상판 자체는 발열하지 않지만, 전자파를 사용해서 주전자나 냄비에 직접 열을 발생시킨단다.

그래서 인덕션을 사용한 후에 바로 상판을 닦아도 뜨겁지 않은 것이군요.

전자 유도를 이용해 금속 냄비 자체를 가열해요

　최근에는 총전화 주택(總電化住宅, all electric house, 주택의 열원을 모두 전기로 충당하는 주택. 전전화 주택이라고도 합니다. −편집자주)이 증가함에 따라 주방에 IH 인덕션(IH 조리기)를 도입하는 가정이 늘어나고 있습니다. 잘 알려진 것처럼 IH 인덕션은 불을 사용하지 않습니다. 'IH'란 Induction Heating의 약자로, 우리말로 풀어 쓰면 '전자유도가열'이라고 합니다. 전기와 자기를 이용해서 냄비 자체에 열을 발생시키는 원리이지요.

가스레인지는 금속으로 만들어져 있는데 반해, IH 인덕션의 상판(표면)은 유리 소재입니다. 인덕션의 상판 아래에는 구리선을 빙글빙글 감아둔 '코일'이라는 부품이 있습니다. 코일에 전류를 흘려보내면 그

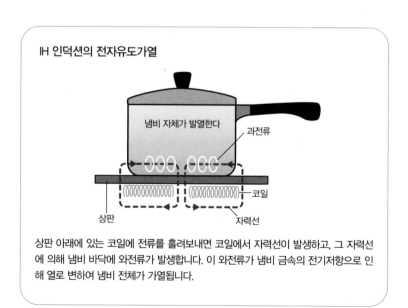

IH 인덕션의 전자유도가열

냄비 자체가 발열한다

과전류

상판　　　　코일

자력선

상판 아래에 있는 코일에 전류를 흘려보내면 코일에서 자력선이 발생하고, 그 자력선에 의해 냄비 바닥에 와전류가 발생합니다. 이 와전류가 냄비 금속의 전기저항으로 인해 열로 변하여 냄비 전체가 가열됩니다.

주변에 자력이 발생합니다. 여기에 금속으로 만든 냄비를 올려놓으면 자력선이 금속에 접촉하고, 냄비 내부에 무수한 소용돌이 모양의 전류가 흐르는 현상이 발생합니다. 이 전류를 '와전류'라고 하는데, 와전류가 발생하는 현상을 '전자유도'라고 합니다.

그리고 와전류가 흐를 때 금속의 전기저항에 의해 열이 발생합니다. 이 열로 냄비 내부가 가열되고 음식을 조리할 수 있지요.

금속이 지닌 전기저항의 크기에 따라 발열량이 달라져요

히터 전원을 켜면 코일에 전류가 흐르고 표면에 자력선이 발생합니다. 코일에 흐르는 전류의 크기를 바꾸면 온도를 조정할 수 있는데, 요즘의 인덕션은 온도 센서로 냄비 바닥의 온도를 측정해서 전류를 자동으로 조정합니다.

냄비의 발열량은 냄비의 금속 소재가 지닌 전기저항의 크기에 비례합니다. 철이나 스테인리스처럼 전기 저항이 큰 금속은 발열량이 크고 냄비 내부도 빨리 가열됩니다. 반면에 구리나 알루미늄과 같은 금속은 전기저항이 작고 전기가 쉽게 통과하기 때문에 발열량이 작습니다. 그렇기 때문에 구리나 알루미늄으로 만든 만든 냄비는 IH 인덕션에 적합하지 않습니다.

그러나 최근에는 기존의 제품들보다 더 강력한 자력선을 발생시켜서, 모든 금속 소재의 냄비를 사용할 수 있는 '올메탈 인덕션' 도 시중에 판매되고 있습니다.

가열할 때 연소를 하지 않기 때문에 발생하는 장점이 있어요

　IH 인덕션은 냄비나 주전자만 가열하는 원리이기 때문에, 열이 주변으로 새어나가지 않아서 전기를 대단히 효율적으로 사용할 수 있습니다.

가스레인지는 불꽃의 열이 냄비뿐 아니라 냄비 주위로도 퍼져나가기 때문에 열효율이 약 40~55% 정도라고 합니다. 한편, 냄비를 직접 가열하는 IH 인덕션의 열효율은 약 90%이므로 가스레인지의 약 2배 정도입니다.

IH 인덕션은 불을 사용하지 않기 때문에 주변의 종이나 천에 불이 옮겨붙지 않으며, 불을 끄는 것을 잊어버릴 염려도 없습니다. 또한 가스가 새거나 이산화탄소가 발생할 일도 없습니다. 안전하고 깨끗하게 사용할 수 있는 것도 IH 인덕션의 장점이라고 할 수 있습니다.

IH 인덕션은 열이 새어나가지 않아요

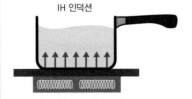

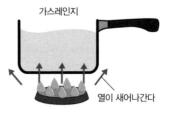

IH 인덕션은 냄비 자체에 열이 발생하게 합니다. 냄비와 상판이 접촉해 있기 때문에 열이 새어나가지 않아서 에너지가 손실되지 않습니다. 열효율은 약 90%입니다.

가스레인지는 냄비와 불 사이에 공간이 있고, 가스불의 열이 사방팔방으로 빠져나갑니다. 그렇기 때문에 에너지의 절반 정도가 손실되어, 열효율은 약 40~55% 정도라고 합니다.

02

김이 서리지 않는 거울은
어떤 원리로 되어 있는 걸까요?

 수염이 덜 깎여서 거뭇거뭇한걸요? 거울 안 보고 깎으셨나요?

 어, 정말이네. 수염을 깎을 때 세면대 거울에 김이 서려서 제대로 못 보고 깎았어.

 그러고 보니 제가 세수를 할 때도 거울에 김이 서리더라고요. 김이 서리지 않는 거울이 있다고 하던데, 그건 어떤 원리일까요?

 세면대나 욕실의 거울에 김이 서리는 건 사실 물방울 때문이야. 우선 어떻게 김이 서리는지부터 설명해 줄게.

거울에 김이 서려 흐리게 보이는 이유는 물방울 때문이에요

　세면대나 욕실의 거울에 김이 서려 흐리게 보여서 불편함을 느낀 적이 있을 것입니다.

거울에 김이 서리는 이유는 공기 중에 포함된 수분이 미세한 물방울이 되어 거울에 달라붙기 때문입니다. 눈에는 보이지 않지만 공기 중에는 수증기 즉, 기체가 된 수분이 포함되어 있습니다.

공기는 온도에 따라 머금을 수 있는 수증기 양이 다릅니다. 차가운 공기보다 따뜻한 공기가 수증기를 더 많이 머금을 수 있습니다. 그렇기 때문에 따뜻한 공기가 냉각되면, 수증기 상태로 존재할 수 없게 된 수분이 액체 상태인 물로 바뀌게 됩니다. 컵에 차가운 음료를 따라 놓으면 컵의 표면에 금방 물방울이 맺히는데 이것은 컵 주변의 따뜻한 공기가 냉각되어 수증기가 물로 변했기 때문입니다.

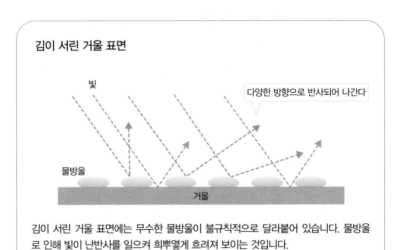

김이 서린 거울 표면

빛

다양한 방향으로 반사되어 나간다

물방울

거울

김이 서린 거울 표면에는 무수한 물방울이 불규칙적으로 달라붙어 있습니다. 물방울로 인해 빛이 난반사를 일으켜 희뿌옇게 흐려져 보이는 것입니다.

거울에 물방울이 붙는 것도 이와 같은 원리입니다. 유리 재질로 만들어진 거울의 온도가 실내 온도보다 낮기 때문에 거울 주변의 수증기가 무수한 물방울이 되어 거울에 달라붙는 것입니다. 이때 물방울이 불규칙하게 달라붙기 때문에 거울 표면이 울퉁불퉁한 상태가 됩니다. 그래서 거울이 빛을 잘 반사하지 못하고 난반사를 일으킵니다. 이것이 거울이 흐려지는 원인입니다. 빛이 난반사되어 거울이 희뿌옇게 흐려져 보이는 것이지요.

거울에 김이 서리지 않게 하려면 어떻게 해야 할까?

거울에 김이 서리는 것을 방지하려면 물방울이 물에 융합되게 해

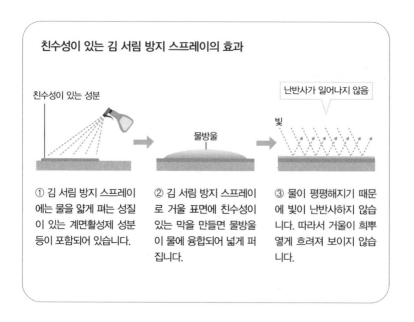

친수성이 있는 김 서림 방지 스프레이의 효과

친수성이 있는 성분

난반사가 일어나지 않음

빛

물방울

① 김 서림 방지 스프레이에는 물을 얇게 펴는 성질이 있는 계면활성제 성분 등이 포함되어 있습니다.

② 김 서림 방지 스프레이로 거울 표면에 친수성이 있는 막을 만들면 물방울이 물에 융합되어 넓게 퍼집니다.

③ 물이 평평해지기 때문에 빛이 난반사하지 않습니다. 따라서 거울이 희뿌옇게 흐려져 보이지 않습니다.

야 합니다. 물방울이 거울 위에 평평하게 펼쳐지면 빛이 난반사하지 않습니다. 또한 물방울 상태일 때보다 더 넓게 펼쳐져 있으면 증발하기 쉽습니다. 물을 얇게 펴는 성질(친수성)을 가지고 있는 제품이 '김 서림 방지 스프레이'입니다.

김 서림 방지 스프레이에는 세제에 사용되는 계면활성제와 알코올처럼 친수성이 있는 성분이 배합되어 있습니다. 이 스프레이를 거울 표면에 뿌리면 친수성이 있는 막이 생성되고, 물방울이 물에 융합되어 김 서림을 억제할 수 있습니다. 거울에 비누나 샴푸 등을 도포하면 일시적으로 김 서림을 해소할 수 있는데, 그 이유는 계면활성제 성분이 포함되어 있기 때문입니다.

김 서림 방지 스프레이를 뿌리기 전에는 반드시 거울을 깨끗하게 닦아야 합니다. 거울에 묻어 있는 먼지나 이물질이 공기 중의 수분과 결합할 수도 있고, 기름때에는 물을 튕겨내는 성질이 있으므로 거울 표면이 깨끗하지 않으면 물방울이 남아있기 쉽게 되기 때문입니다.

요즘은 광촉매(光觸媒)를 필두로 한 고성능 코팅제를 사용하기도 합니다. 광촉매는 빛과 접촉하면 오염이나 균을 분해할 수 있는 재료인데, 대표적으로 산화티타늄이 있습니다. 산화티타늄에는 광촉매 작용 외에도 초친수성이라고 불리는 성질이 있는데, 빛과 접촉하면 물이 얇은 막이 되어 광촉매 표면을 덮어나갑니다. 다시 말해, 산화티타늄으로 거울을 코팅하면 물이 물방울이 되어 달라붙지 않게 되어 김이 서려 흐려지지 않게 됩니다.

02
금속에 닿으면 왜 차갑다고 느낄까요?

와, 아이스크림이 꽁꽁 얼었어요! 플라스틱 스푼으로 뜨려고 했는데, 스푼이 부러질 것 같아요.

금속 스푼으로 먹으면 돼. 금속이 플라스틱보다 열전도율이 좋아서 얼어있는 아이스크림이 녹기 쉽거든.

아~ 금속 스푼이 더 단단해서 사용하라고 하는 건 줄 알았는데, 또 다른 이유도 있군요. 어, 그런데 선생님의 이야기가 길어서 아이스크림이 녹기 시작했어요.

물체의 열은 온도가 높은 곳에서 낮은 곳으로 이동해요

　손을 가져다 대었을 때, 부엌의 타일과 싱크대의 스테인리스 중에서 어느 쪽이 더 차가울까요? 당연히 스테인리스일까요? 아닙니다. 사실 같은 환경에 있는 물체의 표면 온도는 타일이나 스테인리스나 거의 비슷합니다. 그런데 금속이 더 차갑게 느껴지는 이유는 '열전도율'과 관계가 있습니다.

따뜻함이나 차가움과 같은 감각은 물체의 온도뿐만 아니라, 접촉했을 때 손에서 열이 빠져나가는지 혹은 전달되는지에 의해 결정됩니다. 일반적으로 사람의 체온은 35~37도인데, 철과 같은 물체의 온도는 체온보다 낮습니다. 그래서 철에 접촉하면 인체의 열이 온도가 더 낮은 금속 쪽으로 이동하기 때문에 차갑게 느끼는 것입니다. 이렇게 열이 이동하는 현상을 열전도라고 하며, 열이 전달되는 정도는 열

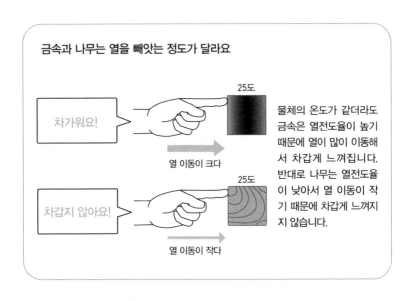

금속과 나무는 열을 빼앗는 정도가 달라요

차가워요!　→　25도
열 이동이 크다

차갑지 않아요!　→　25도
열 이동이 작다

물체의 온도가 같더라도 금속은 열전도율이 높기 때문에 열이 많이 이동해서 차갑게 느껴집니다. 반대로 나무는 열전도율이 낮아서 열 이동이 작기 때문에 차갑게 느껴지지 않습니다.

전도율이라고 하는 값(아래의 표)으로 나타낼 수 있습니다.

일반적으로 금속은 이 값이 높고, 반대로 나무나 천은 열전도율이 낮습니다. 열전도율이 낮으면 인체의 열이 이동하지 않기 때문에 부엌에서 도마 등 나무 제품을 만졌을 때 철만큼 차갑게 느껴지지 않는 것이지요.

물질의 일반적인 열전도율

물질	열전도율(W/m · K)	물질	열전도율(W/m · K)
다이아몬드	1000~2000	스테인리스강	16.7~20.9
은(0℃)	428	물(0℃ ~80℃)	0.561~0.673
구리(0℃)	403	유리	0.55~0.75
금(0℃)	319	목재	0.15~0.25
알루미늄(0℃)	236	양털	0.05
철(0℃)	83.5	공기	0.0241

차가움은 밀착도에 따라서도 다르게 느껴져요

그럼 유리와 나무는 어느 쪽이 더 차갑게 느껴질까요? 아마 모두들 유리가 더 차가울 거라고 대답하겠지요. 그런데 사실 유리와 나무의 열전도율은 그다지 차이가 없습니다. 그럼에도 불구하고 유리가 더 차갑다고 느끼는 이유는 밀착도와 관련이 있습니다.

빈틈없이 접촉하는 것과 틈새가 있는 것, 이 차이에 따라 온도가 다르게 느껴지는 것이지요. 유리는 표면이 매끄럽기 때문에 접촉했을 때 손과 유리 사이에 공기가 거의 들어가지 않습니다. 그러나 나무는 표면이 울퉁불퉁해서 손과 나무 사이에 열전도율이 낮은 공기가 들어가기 때문에 유리처럼 차갑게 느껴지지 않는 것입니다.

열전도율이 타의 추종을 불허할 만큼 높은 물질은 다이아몬드입니다. 인공 다이아몬드가 반도체 부품의 방열이나 전기밥솥의 내솥 등에 사용되는 것도 그 때문입니다.

우리가 일상생활에서 흔히 사용하는 냄비나 주전자, 프라이팬 등은 다이아몬드만큼은 아니지만 철이나 구리처럼 열전도율이 높은 재질이 물질로 만들어져 있습니다. 이와 비슷하게 아이스크림에 들어 있는 플라스틱 재질의 일회용 스푼은 열전도율이 낮기 때문에 체온이 전달되기 어려워서 아이스크림을 녹여 먹기가 쉽지 않은 것이지요.

그럼 여기서 마지막 질문을 해 볼까요? 물을 넣어 얼린 페트병이 두 개 있습니다. 하나는 그대로 놔두고, 다른 하나는 바닥에 구멍을 뚫어서 물이 빠져나갈 수 있게 했습니다. 어느 페트병의 얼음이 먼저 녹을까요? 정답은 아래의 그림을 보고 확인해봅시다! 열전도율을 고려해보면 퀴즈가 더 재미있어지겠네요.

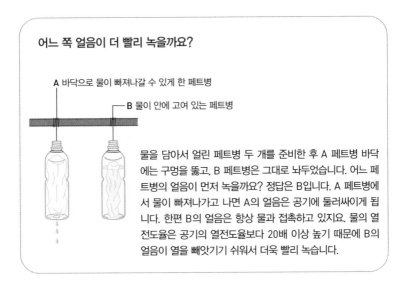

어느 쪽 얼음이 더 빨리 녹을까요?

A 바닥으로 물이 빠져나갈 수 있게 한 페트병

B 물이 안에 고여 있는 페트병

물을 담아서 얼린 페트병 두 개를 준비한 후 A 페트병 바닥에는 구멍을 뚫고, B 페트병은 그대로 놔두었습니다. 어느 페트병의 얼음이 먼저 녹을까요? 정답은 B입니다. A 페트병에서 물이 빠져나가고 나면 A의 얼음은 공기에 둘러싸이게 됩니다. 한편 B의 얼음은 항상 물과 접촉하고 있지요. 물의 열전도율은 공기의 열전도율보다 20배 이상 높기 때문에 B의 얼음이 열을 빼앗기기 쉬워서 더욱 빨리 녹습니다.

02

지워지는 볼펜은 어떻게 글자를 지울 수 있는 걸까요?

이 신청 용지에는 꼭 볼펜으로 써야 하는 건가요? 틀리면 안 된다고 생각하니까 긴장이 되는데요.

마침 꼭 알맞은 볼펜이 있어. 이 볼펜은 독특한 잉크를 사용했기 때문에 마찰열로 글씨의 색을 없앨 수 있어. 그러니까 글자를 고쳐 쓸 수 있다는 거지.

설명이 좀 어려운데 쉽게 말하면 '지워지는 볼펜'이란 거죠? 그 볼펜, 빌려주세요!

온도에 따라 잉크의 색이 변해요

볼펜으로 글자를 쓰면 지워지지 않고, 지울 수 없다는 것이 특징이지요. 그렇지만 글자를 잘못 썼을 때는 정말 번거롭습니다. 공식 서류에 볼펜으로 새카맣게 덧칠할 수도 없고, 처음부터 다시 쓰는 것도 쉽지 않지요. 그래서 '지워지는 볼펜'이 편리한 문구류로 많이 사용되고 있습니다.

요즘은 지워지는 볼펜으로 일본 파이롯트 코퍼레이션이 개발한 '프릭션'이라는 제품이 잘 알려져 있습니다. 볼펜의 외관이나 필기감은 일반 펜과 다르지 않습니다. 그런데 글자를 쓰고 나서 펜 뒷부분의 고무로 쓱쓱 문지르면 글자가 지워지지요.

글자를 지울 수 있는 비결은 잉크에 있습니다. '프릭션'은 '마찰'이라

'지워지는 볼펜'의 잉크가 지워지는 원리

색이 보인다 / 색이 사라진다

발색제 / 마찰열 / 현색제(顯色劑) / 변색 온도 조정제 / 잉크 입자 / 현색제는 변색 온도 조정제와 결합한다

잉크에 포함되어 있는 발색제는 혼자 있을 때는 무색이지만, 현색제와 결합하면 비로소 색상이 눈에 보입니다. 그런데 고무로 문질러서 열을 발생시키면 현색제는 변색 온도 조정제와 결합하며, 발색제와의 결합이 끊어집니다. 다시 말해, 발색제가 무색으로 되돌아가는 것입니다.

는 뜻입니다. 마찰열로 색상이 무색투명하게 바뀌는 잉크가 사용된 것이지요.

글씨를 지울 수 있는 비밀은 잉크 속의 세 가지 성분과 관련이 있어요

지워지는 볼펜에 사용된 잉크 안에는 직경 2~3μ의 마이크로캡슐이 들어있습니다. 이 캡슐 안에는 세 가지 성분이 들어 있는데, 빨간색, 검은색, 파란색 등의 발색제와 발색을 촉진하는 현색제 그리고 변색 온도 조정제입니다. 발색제는 단독으로는 색을 낼 수 없으며, 상온에서 현색제와 결합해 있는 동안에만 글자에 색이 나타납니다.

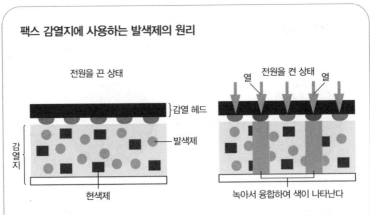

팩스 감열지에 사용하는 발색제의 원리

전원을 끈 상태

}감열 헤드

감열지

발색제

현색제

열 전원을 켠 상태 열

녹아서 융합하여 색이 나타난다

감열지는 팩스의 감열 헤드의 열 패턴이 그대로 전사되는 종이입니다. 종이에는 발색제와 현색제가 도포되어 있고, 가열된 부분에만 발색제와 현색제가 녹아서 융합되기 때문에 색이 나타납니다.

그러나 글자를 고무로 문질러 65℃ 이상의 열이 발생하면 현색제는 변색 조정제와 결합합니다. 다시 말해서, 발색제와 현색제가 서로 분리되기 때문에 글자에서 색이 사라져 무색이 되는 것입니다.

그리고 사라진 글자는 상온에서는 사라진 것으로 보이지만 그곳에 적힌 잉크 자체가 사라져 없어지는 것이 아닙니다. 영하 20℃의 냉장고에 넣어서 차갑게 만들면 사라졌던 문자가 다시 나타납니다. 변색 온도 조정제는 냉각시켰을 때에도 작용을 하는 것이지요.

지워지는 볼펜에 사용된 잉크는 팩스에도 사용되지요

지워지는 볼펜의 발색제에 사용되는 류코라는 염료는 팩스에 사용하는 감열지에도 사용됩니다. 팩스는 문자나 화상 등을 전기 신호로 변환하여 전화 회선으로 송신하며, 수신하는 쪽에서는 전기신호에 맞춰 내용을 지면에 재현하는데 이것을 인쇄할 때 감열지가 사용됩니다.

감열지 표면에는 류코 염료와 현색제가 도포되어 있어서, 가열된 부분에만 발색제와 현색제가 녹아들며 검은색으로 바뀌게 됩니다. 즉, 검은색으로 변색된 부분이 문자나 화상이 되는 것이지요. 팩스에는 잉크나 토너가 없지만 팩스 용지에 비밀이 숨어 있었던 것입니다.

02

순간접착제가 '순간적으로' 접착하는 비결이 뭘까요?

스마트폰 케이스가 부서져서 순간접착제로 붙여봤어요. 정말 순식간에 붙어버리네요.

접착제는 액체가 고체로 변하면서 물체의 접착면을 붙이는 거란다. 순간접착제는 순간적으로 고체가 되는 거지.

우와, 그렇군요! 그런데 어떻게 그렇게 빨리 고체로 변하는 건가요? 어떤 비밀이 있는지 궁금해요!

접착제는 물체를 접착시킬 때 고체로 변해요

  시중에 판매되는 일반 접착제는 목재나 플라스틱은 물론이고 고무나 도자기 등 다양한 물체에 편리하게 사용할 수 있습니다. 그러나 굳을 때까지 시간이 걸릴 뿐만 아니라, 굳기 전에 움직이거나 힘을 가하면 접착면이 어긋나서 짜증이 날 때도 있지요.

순간접착제는 그러한 불편함을 해소해 주는데요, 그렇다면 일반 접착제와 순간접착제는 무엇이 다를까요? 이 궁금함을 풀기 위해서는 먼저 접착제가 물체와 물체를 부착하는 원리를 알아야 합니다.

접착제를 사용했을 때를 한 번 떠올려볼까요? 접착제가 튜브에서 나올 때는 액체 상태이지요. 이러한 액체 상태의 접착제를 물체와 물체 사이에 도포하면 접착제가 건조되면서 고체가 됩니다. 즉, 두 물체의 분자 사이에 들어있는 액체가 굳어지면서 분자와 분자가 결합하

순간접착제의 분자에 일어나는 변화

모노머(Monomer)

① 튜브에 들어있는 접착제의 분자는 '모노머(단위체)' 라는 상태로 제각각 흩어져 있습니다.

공기 중의 수분

② 튜브에서 순간접착제를 짜면 공기 중의 수분과 반응합니다.

고체화

③ 제각각 흩어져있던 분자가 급격히 단단하게 결합합니다.

폴리머(Polymer)

④ 분자가 차례차례 결합하면서 폴리머 (고분자)를 형성합니다.

는 것입니다.

공기 중의 수분과 반응하여 분자와 분자를 결합시켜요

접착제는 액체가 고체로 변화하면서 물체끼리 달라붙게 합니다.
다시 말해서, 순간접착제란 액체가 고체로 '순간적으로' 변하는 성질
을 가진 접착제라는 것이지요.
순간접착제에 사용되는 것은 시아노아크릴레이트(Cyanoacrylate)라는
물질입니다. 시아노아크릴레이트는 수분과 반응하면 초 단위로 고체
로 변화합니다. 심지어 공기 중에 포함된 습기나, 물체의 표면에 있
는 습기 정도의 수분에도 반응을 합니다.
시아노아크릴레이트는 튜브 용기에 담겨 있을 때는 밀봉되어 있기

순간접착제가 물체와 물체를 접착시키기까지의 단계

① 순간접착제를 접착면에 도포하면 접착제가
넓게 퍼집니다.

② 물체의 접착면끼리 접촉시키면, 접착제를 도포
하지 않은 물체에도 순간접착제가 묻습니다.

③ 공기 중의 수분에 순간접착제가 반응하여
경화합니다.

④ 두 접착면 사이에서 폴리머로 변해 물체끼
리 튼튼하게 접착합니다.

때문에 액체 상태를 유지합니다. 과학적으로 설명하자면 분자가 제 각각 흩어진 상태 즉, '모노머' 상태입니다. 이것을 튜브에서 짜내어 공기 중의 수분과 접촉시키면 순간적으로 고체가 됩니다. 이때, 분자 끼리 연결되어 커다란 분자(고분자)가 되는 것입니다. 이 커다란 분자를 '폴리머'라고 하는데, 모노머가 폴리머로 변화함에 따라 물체와 물체가 접착된 형태가 됩니다.

접착제를 너무 많이 바르면 붙지 않아요

순간접착제를 사용할 때 흔히 하는 실수는 접착제를 많이 바르면 바를수록 접착력이 강해질 것이라고 착각하는 것입니다. 실제로는 완전히 역효과를 낳을 뿐이지요. 부착하려는 물체의 접착면이 줄어 들기 때문에 잘 부착되지 않습니다. 또한 접착제의 양이 많은 만큼 공기 중의 수분과 화학반응을 하는 데 걸리는 시간이 길어집니다. 게다가 접착제를 한 번 도포하고 건조를 했던 부분에 다시 접착제를 도포하면, 접착제가 접착면에 침투하지 않기 때문에 접착력이 떨어 집니다. 이럴 때는 먼저 접착면의 오염과 이물질을 제거해야 합니다. 그리고 접착면의 밀착도를 높이기 위해 사포 등을 사용해서 접착면 을 문질러 요철을 만들어 주면 접착력을 높일 수 있습니다.

02
음식은 왜 상할까요?

슈크림을 아껴 먹으려고 냉장고에 넣어뒀는데, 엄마가 버려버렸어요.

상해서 버린 것이 아닐까? 음식은 냉장고에 넣어둬도 상할 수 있거든.

그러고 보니 음식이 상하는 건 미생물 때문이라는 걸 들은 기억이 나요. 미생물이 한 번 생기면 냉장고 안에 넣어도 없어지지 않나 보네요.

음식이 상하는 것은 미생물 때문이에요

만약 육안으로 마이크로 단위의 세계를 볼 수 있다면 어떨까요? 깨끗하게 청소한 욕실에는 곰팡이가 피어있고, 침대에는 진드기가 보이고, 고기나 야채를 자를 때 사용하는 식칼과 도마에 균이 한가득 서식하고 있는 걸 보고 음식을 먹고 싶지 않다는 생각이 들지도 모르겠네요

우리가 먹는 음식이 상하는 이유는 미생물 때문입니다. 미생물은 현미경을 사용해야만 볼 수 있을 정도로 작은 생물을 가리키는데, 세균이나 곰팡이 외에도 아메바나 짚신벌레 등이 포함되어 있습니다. 미생물은 음식에 붙어 당질이나 단백질과 같은 영양소를 먹고 다른 성분으로 변화시켜 내보냅니다. 사람의 경우 이를 '배설'이라고 하지요.

미생물의 경우에는 이것을 '분해'라고 표현하는데, 음식이 부패하는 원인은 바로 이 분해 때문입니다. 음식의 성분이 변질되어 사람이

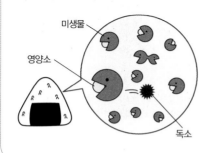

음식 표면에는 미생물이 활동하고 있어요

미생물

영양소

독소

음식에 붙은 미생물은 음식의 영양소를 먹고 분해하여 원래의 성분을 변질시킵니다. 물질이 변질되어 사람이 먹을 수 없게 된 상태를 부패라고 하며, 변질되어 유해해진 물질은 부패되어 냄새가 나고 끈적해집니다.

입에 댈 수 없게 된 상태를 음식이 상했다고 표현합니다.

미생물의 증식력은 정말 놀랍습니다. 대부분의 미생물은 분열하여 증식하는데, 예를 들어 10분에 한 번 분열하는 미생물 하나가 음식에 달라붙으면, 5시간 후에는 계산상으로 10억 마리 이상의 세균이 음식에 존재하게 됩니다. 당연히 그만큼 부패가 빨라지게 되지요.

일반적으로 미생물 증식에 적합한 환경은 30~37℃라고 합니다. 그래서 미생물의 증식을 억제하려면 온도가 낮고 습기가 없는 장소가 적합합니다. 이러한 조건을 충족하는 것이 바로 냉장고입니다.

그러나 이것은 어디까지나 미생물의 증식이 억제된다는 것입니다. 이미 달라붙은 미생물은 계속 활동을 하기 때문에 부패가 진행됩니다. 그러므로 냉장고는 마법의 상자가 아니라는 것을 명심해야겠습니다.

미생물은 기하급수적으로 번식해요

| 10분 후 | 20분 후 | 1시간 후 | 5시간 후 |

1마리　　2마리　　4마리　　64마리　　10억 마리 이상

미생물은 단세포 생물이기 때문에 분열하여 두 배로 증식합니다. 10분마다 두 배로 증식하는 미생물이 음식에 단 한 마리라도 붙어 있다면, 1시간 후에는 64마리, 2시간 후에는 4천 마리 이상이 되고 3시간 후에는 26만 마리 이상…… 5시간 후에는 10억 마리 이상으로 증식하게 됩니다.

발효와 숙성도 미생물을 이용한 것입니다

미생물의 분해로 만들어진 독소는 인체에 유해한 경우가 많습니다. 상한 음식에서 좋지 않은 냄새가 나거나, 끈적한 실이 생기는 이유는 이 독소 때문이지요. 일단 독소가 생성된 음식은 불로 가열해도 먹을 수 없습니다.

그렇지만 미생물이 무조건 나쁜 것만은 아닙니다. 미생물이 분해해서 생성하는 성분에 독소만 있는 것은 아니고, 우리가 유익하게 사용하는 성분도 있기 때문이지요. 대표적인 예로 발효를 들 수 있습니다. 된장이나 간장, 요구르트 등은 미생물의 힘을 빌려 식품을 변화시켜 만드는 것입니다.

또한 요즘 인기 있는 것 중에 숙성 또는 에이징(Aging)이라고 하는 식재료 숙성 방식이 있는데, 마트나 음식점에서 숙성육이라는 이름을 붙여 판매하는 것을 볼 수 있습니다. 이 방법은 고기에 적절한 미생물을 번식시킨 후, 고기가 상하지 않도록 일정 기간 동안 숙성시키는데 미생물이 만들어내는 효소가 단백질을 분해하고 아미노산으로 변화시켜 재료의 풍미를 이끌어냅니다. 그러나 숙성을 하기 위해서는 효소가 원활히 작용할 수 있도록 온도, 습도, 시간을 잘 관리해야 합니다. 잘못 관리하면 유해한 미생물이 증식하여 부패하기 때문입니다. 일반 가정에서 숙성 고기를 만드는 것은 살얼음판을 걷는 것처럼 위험합니다. 그러므로 안심하고 안전하게 먹을 수 있는, 전문가가 숙성한 고기를 먹는 것을 권장합니다.

02

항균 가공 제품은
어떻게 세균과 싸울까요?

 제 필통에 '항균'이라는 스티커가 붙어 있던데 이건 항상 깨끗하다는 의미인가요?

 항균이란 세균이 잘 붙지 않는다는 걸 의미한단다. 항상 잘 닦아주기만 하면 안심할 수 있지.

 그럼 세균을 죽이거나, 세균 수를 줄여주는 게 아니네요? 살균이니 항균이니 제균이니…… 무슨 차이인지 잘 모르겠어요.

'항균'은 살균이나 제균과는 달라요

우리 삶에서 '항균' 효과를 강조하는 제품이 점점 늘어나고 있습니다. 의류나 문구류, 주방용품, 가전제품, 주택의 건축 자재나 설비에 이르기까지 너무 많아서 다 셀 수도 없지요. 그런데 항균의 의미를 제대로 이해하고 있는 경우는 의외로 많지 않습니다. 그도 그럴 것이, 항균과 비슷한 단어로 세균을 죽이는 '살균', 세균을 완전히 박멸하는 '멸균', 세균을 세정해 제거하는 '제균', 세균의 증식을 억제하는 '정균(靜菌)' 등이 있기 때문에 대단히 비슷비슷하지요. 분명한 것은 항균 가공 제품은 살균이나 제균, 멸균처럼 균을 죽이거나 약화하는 것이 아니라는 점입니다.

살균 · 항균 · 제균의 차이

	의미	적용
세균과 바이러스를 죽인다		
살균	세균 및 바이러스를 죽인다 (죽이는 수는 정해져 있지 않음)	의약품 · 의약부외품에만 해당함
멸균	모든 세균 및 바이러스를 죽인다	
소독	세균 및 바이러스를 죽이고 수를 감소시킨다 (활동을 약화시킨다)	
세균 및 바이러스를 죽이지 않는다		
항균	세균 증식을 억제한다	잡화용품 등 여러 가지 상품
제균	세균 및 바이러스를 제거한다 (제거하는 수는 정해져 있지 않음)	

항균이란 세균 증식을 억제하는 것을 의미합니다. 항균 가공 제품은 세균이 번식하기 어렵도록 가공된 제품을 가리킵니다. 그러므로 항균 가공된 타파웨어 용기는 세균이 증식하기 어려운 용기인 것이지,

이 용기에 넣은 식품에 세균이 전혀 발생하지 않는다는 것은 아닙니다.

항균제에 사용하는 금속

항균 가공 제품들에 항균제로 사용되는 물질 중에 금속이 있는데, 은이나 구리, 티타늄에는 살균 작용이 있다고 알려져 있습니다. 예를 들어, 극소량의 은이온을 물에 섞으면 살균 작용이 일어나는데 세균에 달라붙어 세포 내의 효소를 저해하는 방법 등으로 세균을 사멸시키는 것입니다.

또한 산화티타늄은 '광촉매 반응'에 의한 살균 효과가 있습니다. 광촉매는 빛을 흡수하여 화학 반응을 촉진하는 물질입니다. 산화티타늄

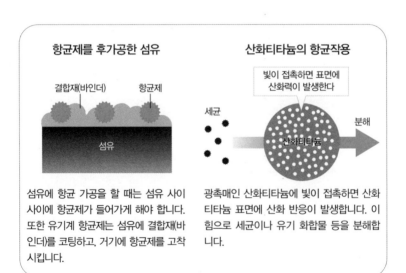

항균제를 후가공한 섬유

결합재(바인더)   항균제

섬유

섬유에 항균 가공을 할 때는 섬유 사이 사이에 항균제가 들어가게 해야 합니다. 또한 유기계 항균제는 섬유에 결합재(바인더)를 코팅하고, 거기에 항균제를 고착시킵니다.

산화티타늄의 항균작용

빛이 접촉하면 표면에 산화력이 발생한다

세균   분해

산화티타늄

광촉매인 산화티타늄에 빛이 접촉하면 산화티타늄 표면에 산화 반응이 발생합니다. 이 힘으로 세균이나 유기 화합물 등을 분해합니다.

을 코팅한 소재의 표면에 태양이나 형광등 빛이 접촉하면 강력한 산화 반응이 일어나서 표면에 있는 세균이나 유기 화합물 등의 유해 물질을 분해합니다.

항균을 목적으로 한 대부분의 제품들은 이러한 종류의 금속을 배합하여 제작하거나 표면에 바르기도 합니다.

항균 효과가 보증되는 제품에는 인증 마크가 있어요

항균제는 일상생활에서 흔히 볼 수 있는 것에도 포함되어 있습니다. 녹차에 포함된 카테킨 성분을 예로 들 수 있겠네요. 카테킨은 폴리페놀의 일종으로 떫은맛과 쓴맛의 주성분입니다. 식중독을 일으키는 황색 포도상구균 등에 대한 항균 효과가 확인되었기 때문에 식중독을 예방하는 효과를 기대할 수 있습니다.

유기계 항균제를 섬유에 가공할 때는 결합재(바인더)를 섬유 생지(生地)에 코팅하고, 여기에 항균제를 고착시킵니다. 생지 전체에 항균제가 부착되기 때문에 항균 효과가 단시간에 나타납니다.

그러나 항균 가공 제품 중에는 항균 효과가 확실하지 않은 제품도 있습니다. 그렇기 때문에 항균 효과를 검증받은 제품에는 한국건설생활환경시험연구원(KCL)이 발행하는 항균 마크가 붙어 있습니다.

03

3장
-
집 밖에서
발견할 수 있는 과학

03

거대한 비행기가 어떻게 하늘을 날 수 있을까요?

저 이번에 비행기 처음 타봐요. 그런데 그렇게 크고 무거운 물체가 하늘을 날 수 있다니 신기하기도 하고, 좀 걱정이 되기도 해요.

비행기 타는 걸 무서워하는 사람들이 대부분 그렇게 이야기하지. 비행기는 양력(揚力)이라는 힘을 이용해서 뜨기도 하고 날아갈 수도 있단다.

아하, 양력이라는 것이 있군요. 그 원리를 이해하면 비행기를 타도 안심할 수 있을 것 같아요!

비행기는 '양력'으로 떠올라요

점보 제트기가 실제로 날아갈 때의 무게는 약 350톤이나 된다고 합니다. 그렇게 무거운 금속 덩어리가 어떻게 하늘에 뜰 수 있는 걸 까요? 비행기의 큰 날개인 '주익(主翼)'의 모양에 그 비밀이 숨겨져 있습니다.

주익의 단면을 살펴보면 윗부분이 둥글게 솟아있고, 아랫부분은 비교적 평평한 모양입니다. 이런 모양의 날개에 강한 바람이 접촉하면, 공기가 날개의 위쪽과 아래쪽으로 나누어져 흐르게 됩니다. 날개의 윗부분은 둥글기 때문에 공기가 흘러가는 거리가 길고, 아랫부분은 평평하기 때문에 거리가 짧습니다. 날개의 위쪽과 아래쪽으로 나누어져 흐른 공기가 날개 뒤편에서 합류하려면, 날개 위쪽으로 흘러가는 공기가 더 빠르게 흘러가야만 합니다. 그렇기 때문에, 주익 윗부분의 공기가 아랫부분의 공기보다 더 빠르게 흐릅니다.

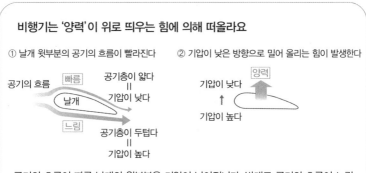

비행기는 '양력'이 위로 띄우는 힘에 의해 떠올라요

① 날개 윗부분의 공기의 흐름이 빨라진다

공기의 흐름 빠름 공기층이 얇다 = 기압이 낮다
날개
느림 공기층이 두텁다 = 기압이 높다

② 기압이 낮은 방향으로 밀어 올리는 힘이 발생한다

양력
기압이 낮다
↑
기압이 높다

공기의 흐름이 빠른 날개의 윗부분은 기압이 낮아집니다. 반대로 공기의 흐름이 느린 날개 아랫부분은 기압이 높아집니다. 그러면, 기압이 높은 쪽에서 기압이 낮은 쪽으로 밀어 올리는 힘이 발생합니다. 이것이 '양력' 입니다.

공기의 흐름이 빨라지면 공기층이 얇어지고 '기압'이 낮아집니다. 기압이란 공기의 압력 즉, 공기가 누르는 힘입니다. 주익 윗부분의 기압이 낮아지면 위에서 누르는 힘보다 밑에서 밀어 올리는 힘이 강해져서 날개가 떠오르게 됩니다. 이 힘을 '양력(揚力)'이라고 하며, 이 힘에 의해 비행기가 뜨기도 하고 날아갈 수도 있습니다.

고속으로 이동하면 거대한 양력이 발생해요

양력은 공기의 흐름이 빠르면 빠를수록 크게 작용합니다. 비행기는 시속 약 800km로 하늘을 날아가는데, 이때 주익에도 공기가 엄청난 속도로 접촉하기 때문에 양력 역시 대단히 커집니다. 비행기가 이륙할 때 시속 240~300km의 속도로 지상을 활주하는 것도 빠른 속도로 흘러가는 공기를 주익에 접촉하게 하기 위해서 입니다.

양력의 크기는 날개의 면적과 모양에 따라서도 달라집니다. 이착륙 시에는 속도가 떨어져 양력이 작아지기 때문에 비행기 주익에서 '플랩'이라고 하는 숨겨진 날개를 사용해 주익의 면적을 넓혀, 부족한 양력을 보충합니다. 또한 플랩은 앞쪽에서 불어오는 바람을 아래로 흘려보낼 수 있도록 기울어져 있기 때문에 위쪽으로 향하는 '반작용'이라는 힘도 작용합니다. 이 두 종류의 힘이 작용하기 때문에 기체가 떨어지지 않는 것입니다.

종이를 사용해 양력을 확인할 수 있어요

A4 사이즈의 종이 끝을 잡고 숨을 세게 불어보세요. 종이가 떠오르는 걸 볼 수 있는데, 이것도 양력에 의한 현상이랍니다.

헬리콥터나 드론은 프로펠러로 양력을 만들어내요

헬리콥터나 드론도 비행기처럼 양력을 이용하여 부유합니다. 그러나 커다란 날개에 공기를 접촉시키는 것이 아니라, 프로펠러를 고속으로 회전시켜 양력을 발생시킵니다. 프로펠러를 기울여서 회전시켜 아래쪽으로 강한 바람을 만들어내어 양력을 이용하는 원리이지요.

드론에는 프로펠러가 네 개 달려 있는데, 기체를 조종할 때도 양력을 이용합니다. 예를 들어 오른쪽의 앞뒤 프로펠러만 빠르게 회전시키면 기체 좌우에 양력의 차이가 발생해 기체의 오른쪽이 높이 들어 올려집니다. 그러면 드론이 왼쪽으로 기울어져 왼쪽 방향으로 이동할 수 있습니다.

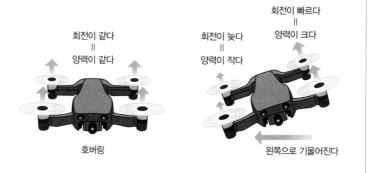

드론은 양력의 차이를 이용해 조종할 수 있어요

회전이 같다
=
양력이 같다

회전이 늦다
=
양력이 작다

회전이 빠르다
=
양력이 크다

호버링

왼쪽으로 기울어진다

모든 프로펠러의 회전속도가 같으면 양력이 균형을 이루어 그 자리에 정지합니다. 오른쪽이나 왼쪽 중 어느 한 쪽 프로펠러의 회전수를 변화시키면 양력의 차이가 발생하여 양력이 작은 쪽으로 드론이 기울어집니다. 전진, 후진을 할 때에도 같은 원리로 이동합니다.

03

무거운 쇳덩어리 배가 어떻게
물 위에 뜰 수 있을까요?

 드디어 염원하던 크루즈 여행을 신청했어. 배 안에는 레스토랑과 기념품점도 있고, 헬스장 이나 수영장도 있지. 기대되는걸.

 저도 크루즈 여객선을 본 적이 있어요. 마치 호텔이 바다에 떠 있는 것 같더라고요! 그렇게 크고 무거운 배도 물 위에 뜰 수 있군요.

 물에 물체를 넣으면 물체를 밀어 올리는 힘이 작용하는 건 알고 있니? 그 힘을 부력이라고 하는데, 배는 이 힘을 잘 이용할 수 있는 구조로 만들어졌단다.

물속에서는 밀어 올리는 힘이 작용해요

100원짜리 동전이나 500원짜리 동전은 물에 넣으면 가라앉는데, 철로 만든 거대한 배는 어떻게 바다에 뜰 수 있는지 정말 신기하지 않나요? 크루즈 여객선의 무게는 5만 톤 이상이고 기름탱크를 포함한 전체 길이는 300m, 무게는 10만 톤을 훌쩍 넘는 경우도 있습니다. 철로 만들어진 배가 물에 뜰 수 있는 것은 '부력'과 관련이 있습니다. 여러분도 욕조나 수영장에 들어갔을 때 몸이 가벼워지는 느낌을 받은 적이 있지요? 물에 물체를 넣으면, 물속에서 그 물체를 위쪽으로 띄우려는 힘이 작용합니다. 이것을 부력이라고 하지요.

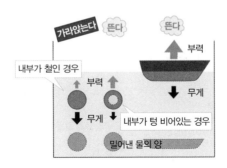

똑같은 철 재질이라도 크기나 형태에 따라서 부력이 달라져요

철로 만든 구슬(철 덩어리)은 밀어낸 물의 무게(부력)보다 무겁기 때문에 물속으로 가라앉습니다. 그러나 구체 안을 파내어 텅 비게 만들면 구체는 가벼워지고 부력은 그대로이기 때문에, 구체의 무게보다 부력이 커져 구체가 떠오릅니다. 철 구슬을 배 모양이라고 생각해보면, 밀어내는 물의 무게보다 배의 무게가 가볍기 때문에 부력이 커져 배가 떠오르는 것이지요.

부력의 크기는 밀어내는 물의 무게와 관련이 있어요

그러면 부력이란 어느 정도로 큰 것일까요? 부력은 물체가 밀어낸 물의 무게만큼 작용합니다. 이렇게 말하면 조금 이해하기 어려울 수도 있겠네요. 그러면 물이 덩어리져 있다고 가정해볼까요? 물과 물체는 완전히 동일한 크기(체적)의 덩어리이고, 물체가 물보다 가벼운지, 무거운지에 따라 부력이 결정됩니다. 물체가 물보다 가벼우면 떠오르고, 무거우면 가라앉는 것입니다.

예를 들어 같은 크기의 철 구슬 두 개를 물에 넣으면 밀어내는 물의 양은 어느 구슬이든 동일합니다. 즉, 두 구슬에 동일한 부력이 작용하는 것이지요. 그런데 두 개의 철 구슬 중 하나는 내부가 철로 꽉 차 있고, 다른 하나는 내부를 파내어 텅 빈 상태라고 가정해봅시다. 그러면 속이 꽉 찬 구슬은 밀어낸 물보다 더 무겁고 부력이 작기 때문

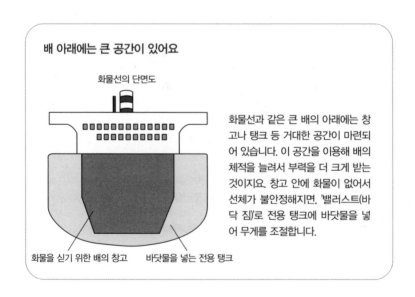

배 아래에는 큰 공간이 있어요

화물선의 단면도

화물선과 같은 큰 배의 아래에는 창고나 탱크 등 거대한 공간이 마련되어 있습니다. 이 공간을 이용해 배의 체적을 늘려서 부력을 더 크게 받는 것이지요. 창고 안에 화물이 없어서 선체가 불안정해지면, '밸러스트(바닥 짐)'로 전용 탱크에 바닷물을 넣어 무게를 조절합니다.

화물을 싣기 위한 배의 창고   바닷물을 넣는 전용 탱크

에 가라앉습니다. 한편, 내부가 비어있는 철 구슬은 밀어낸 물의 무게보다 가볍기 때문에 부력이 커서 위로 뜨게 됩니다. 이와 같은 원리를 철로 만든 배에도 적용해 볼 수 있겠지요.

배는 공간을 크게 확보하여 큰 부력을 얻을 수 있어요

몇 만 톤이나 되는 무게에 몇 백 미터나 되는 길이의 거대한 크루즈 여객선이나 유조선이라 할지라도 안이 모두 철로 채워져 있는 것은 아닙니다. 크루즈 여객선에는 객실처럼 많은 공간이 있으며, 유조선은 대부분이 탱크라고 하는 텅 빈 공간으로 이루어져 있습니다. 선박을 밖에서 볼 때는 쇳덩어리로 보이지만, 실제 내부는 텅 빈 공간이 아주 많습니다. 배와 완전히 동일한 크기와 모양의 물 덩어리가 있다고 가정하고 무게를 비교해보면 배가 물 덩어리보다 가벼운 것이지요. 이처럼 배는 비어 있는 공간을 넓게 확보하여 사람이나 화물을 실은 상태에서도 전체 무게가 밀어낸 물의 무게보다 가볍도록 설계되어 있기에 바다에 뜰 수 있습니다.

그리고 물 1cc의 질량은 1g이지만 바닷물에는 염분이 약 3% 포함되어 있습니다. 그렇기 때문에 바닷물 1cc당 질량은 약 1.02g으로 담수보다 약간 더 무겁고, 부력을 계산해보면 이 또한 담수의 약 1.02배가 됩니다. 수영장보다 바닷물에 들어갔을 때 몸이 더욱 잘 떠오르는 것은 바닷물의 부력이 더 크기 때문이지요.

03

자기 부상 열차는 어떻게 그렇게 빠를 수 있을까요?

저번에 공항에 갔는데, 자기 부상 열차가 운행 중이더라고요. 깜짝 놀랐지 뭐예요. 공상 과학 소설에나 나오는 일이라 생각했거든요.

인천공항 자기 부상 열차 말이구나. 2016년에 개통되었지. 현재는 시범 운행 중이라 시속은 110km 정도 밖에 내고 있지 않지만 말이다.

KTX가 자기 부상 열차가 되면 엄청난 속도로 달릴 수 있지 않을까요?

KTX는 레일 위를 달리기 때문에 당장에 자기 부상 열차로 바꾸기는 힘들지. 다만 자기 부상 열차는 자석의 힘으로 차체를 띄우는 방식을 사용하기 때문에 일반 열차보다 더 빠른 속도를 낼 수 있단다.

KTX를 뛰어넘는 자기 부상 열차의 속도

현재 우리나라에서는 KTX를 타면 서울에서 부산까지 약 2시간 반 만에 갈 수 있습니다. 2004년에 개통된 KTX는 시속 250~300km의 속도로 달리고 있지요. 그러나 KTX는 차륜과 레일의 마찰력으로 주행하기 때문에, 일정 속도를 초과하면 차륜이 표면에서 미끄러지게 되어 속도를 그 이상 올리는 것이 어렵습니다.

현재 세계에서 가장 빠른 레일 열차의 실험상 최고 속도는 약 500km 입니다. 그런데 이것을 훨씬 뛰어넘는 시속 600km를 기록한 것이 자기 부상 열차(linear motor car)입니다. 실제 운전에서도 시속 500km 를 목표로 하고 있으며, 이를 응용한 하이퍼루프 같은 튜브트레인은 시속 1200km을 목표로 하고 있습니다. 서울에서 부산까지 20분도 걸리지 않는 속도입니다. 차륜을 사용하지 않고, 자력의 힘으로 차체 를 부상시켜 주행하기 때문에 KTX를 상회하는 속도를 실현할 수 있 습니다.

강력한 자석을 생성하는 초전도 자석

자기 부상 열차의 차체에는 N극과 S극 자석이 번갈아가며 배치되어 있습니다. 또한 U자 형태인 주행로(가이드웨이)에도 자석이 설치 되어 있어서 N극과 S극을 전환할 수 있는 구조입니다.

우리가 이미 알고 있는 것처럼 자석에는 N극과 S극이 있고, N극끼리 또는 S극끼리는 밀어내고 N극과 S극은 서로 끌어당기는 성질이 있습니다. 자기 부상 열차의 차량은 N극과 S극이 서로 끌어당기는 힘과 N극끼리 또는 S극끼리 밀어내는 힘을 사용하여 떠오르거나 앞으로 나갈 수 있습니다. 예를 들어, 반발하는 힘으로 차체를 앞으로 밀어내기도 하고, 끌어당기는 힘으로 차체를 들어올리기도 하는 것입니다.

이론적으로는 위와 같이 설명할 수 있지만, 문제는 우리가 흔히 알고 있는 자석은 항상 자력을 방출하기 때문에 제어하기가 어렵다는 것입니다. 게다가 자석이 뜨거워지면 자력이 약해지는 것도 어려운 문제 중 하나입니다. 그렇기 때문에 자기부상열차에는 '전자석'을 사용합니다. 전자석이란 금속선을 감은 코일인데, 전류를 흘려보낼 때만 자석이 되기 때문에 손쉽게 자력을 발생시킬 수도 있고 없앨 수도 있습니다. 또한 전류를 키우면 키울수록, 그리고 금속선을 많이 감으면

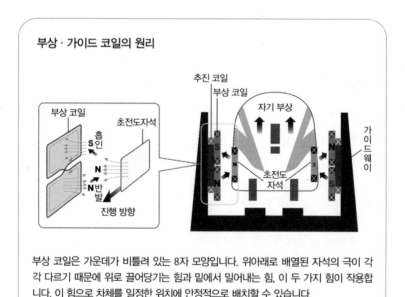

부상·가이드 코일의 원리

부상 코일은 가운데가 비틀려 있는 8자 모양입니다. 위아래로 배열된 자석의 극이 각각 다르기 때문에 위로 끌어당기는 힘과 밑에서 밀어내는 힘, 이 두 가지 힘이 작용합니다. 이 힘으로 차체를 일정한 위치에 안정적으로 배치할 수 있습니다.

감을수록 자력이 강해진다는 성질이 있어서 자연계에 존재하지 않을 정도로 강력한 자석을 만들어낼 수 있습니다.

다만, 강력한 전류가 계속 흐르면 코일에 열이 발생하고, 자석의 에너지가 열이 되어 빠져나가버립니다. 그렇기 때문에 자기부상열차에는 큰 전류를 반영구적으로 흘려보내도 코일에 열이 발생하지 않는 '초전도 자석'이라는 특수한 자석을 사용합니다.

당기는 힘과 밀어내는 힘을 고속으로 전환해요

자기부상열차가 달리는 가이드웨이에는 두 종류의 초전도 자석이 설치되어 있습니다. 하나는 차체를 띄우고 안정적으로 움직이게 하는 '부상(浮上)·안내 코일'이고, 다른 하나는 차체를 앞으로 나아가게 하는 '추진 코일'입니다.

부상 코일에 전류를 흘려보내면 차체 측의 자석과 반발하면서 차체가 떠오릅니다. 이 상태에서는 차체가 둥실둥실 떠 있기 때문에 흔들리겠지요. 그러나 안내 코일이 차체가 멀어지면 당기는 힘을 발생시키고, 가까워지면 반발하는 힘을 발생시켜서 차체를 항상 중앙 위치로 되돌려놓습니다. 자기부상열차는 이러한 방법으로 지상에서 약 10cm 떠 있는 상태로 주행할 수 있습니다.

그리고 추진 코일에 전류를 흘려보내면 자석의 N극과 S극이 번갈아가며 놓여있는 상태가 됩니다. 예를 들어, 차체 측 자석 중 하나가 N극이라고 하면, 먼저 추진 코일 측의 N극과 반발하여 앞쪽으로 밀어내어지고 그다음으로는 S극에 이끌려 다시 전진합니다. 차체가 자석 하나만큼 이동했을 때 추진 코일 측의 N극과 S극을 빠르게 전환하면 차량이 계속 앞으로 이동합니다. 이것을 고속으로 반복하면 자기 부상 열차가 시속 600km 이상의 아주 빠른 속도로 주행할 수 있는 것이지요.

미래의 탑승 수단인 자기 부상 열차의 기본 원리는 놀랍게도 우리 주변에서 흔히 볼 수 있는 자석의 힘을 이용한 것이었습니다.

추진 코일의 원리

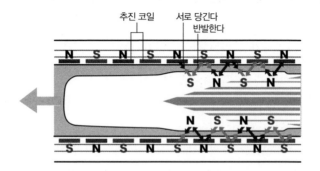

추진 코일에는 N극과 S극이 번갈아 가며 배치되어 있기 때문에, 뒤에서 미는 힘과 앞으로 끌어당기는 힘이 동시에 작용합니다. 코일 극성은 차체가 통과하는 타이밍에 맞춰 고속으로 전환합니다.

전기 자동차는 휘발유 자동차와 어떻게 다를까요?

선생님, 자동차 카탈로그를 보고 계시네요. 새 차를 사실 건가요?

그래, 이번엔 전기 자동차나 하이브리드차를 사볼까 해서 말이지.

전기 자동차? 하이브리드차? 휘발유로 달리는 일반적인 자동차랑 어떻게 다른가요?

전기 자동차는 전기로 모터를 회전시켜서 주행하는 차고, 하이브리드차는 휘발유 자동차와 전기 자동차의 특징을 조합한 차란다.

휘발유 차는 엔진으로 주행해요

무선 조종 자동차나 미니카 등 전기 모터로 주행하는 장난감 차는 옛날부터 있었습니다. 그런데 최근에는 실제 자동차에도 전기 모터가 적용되어 일반 도로에서도 쉽게 볼 수 있습니다.

전기 자동차와 휘발유 차는 동력이 다릅니다. 휘발유 차량은 연료가 되는 휘발유를 엔진 안에서 폭발시켜 그 힘으로 타이어가 회전합니다. 한 번 주유하면 달릴 수 있는 거리가 길고, 휘발유를 모두 소모하더라도 주유를 하면 다시 달릴 수 있기 때문에 고속도로 등 장거리에도 적합합니다. 그러나 배기가스가 발생하고, 에너지 손실이 크며 부품 수가 많다는 단점이 있습니다.

한편 전기 자동차는 배터리(전지)로 모터를 회전시켜 타이어를 움직입니다. 배기가스가 발생하지 않고, 가속이 빠르며 부품이 적고 제어하기 편하다는 많은 장점이 있고 파워도 뒤처지지 않습니다. 그러나 2019년 현재로서는 1회 완충 시의 주행거리가 짧다는 단점이 있습니다.

전기 자동차는 모터 회전으로 주행해요

전기 자동차든 휘발유 자동차든 각각 장단점이 있지만, 앞으로는 전기 자동차의 시대가 올 것이라고 합니다. 왜 그럴까요?

전기 자동차는 구조가 단순합니다. 크게 분류하면 동력원인 배터리, 차를 움직이는 모터, 전력을 컨트롤하는 파워 컨트롤 유닛, 이 세 파트로 구성됩니다. 그중에서도 모터가 핵심이지요.

모터는 항상 자력이 발생하는 '영구자석'과 코일을 조합한 것입니다(다음 페이지의 그림 참조). 브러시와 정류자가 접촉하면 코일에 전류가 흐르고, 영구 자석 사이에는 N 극에서 S 극으로 자계가 발생합니다. 자계와 전류는 여러 가지 관련이 있는데, 그중 하나는 자계 내부에 전류를 흘려보내면 힘이 발생한다는 것입니다. 이때 '힘이 어느 방향으로 작용하는가'가 중요한데, 힘의 방향은 자계와 전류의 방향에 따라 결정됩니다.

'플레밍의 왼손 법칙'에 대해서 들어본 적이 있나요? 왼손의 엄지, 검지, 중지를 각각 직각이 되게 세우면 엄지가 힘, 검지가 자계, 중지가 전류의 방향과 합치한다는 법칙입니다. 위의 그림을 보면서 자계와 전류의 방향에 손가락을 맞춰 보세요. 전류의 방향이 코일 좌우에서

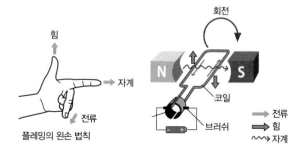

자계와 전류로 회전력을 발생시키는 모터의 원리

힘 / 자계 / 전류
플레밍의 왼손 법칙

회전 / N / S / 코일 / 브러쉬 / 전류 / 힘 / 자계

자계 안에서 코일에 전류가 흐르면 플레밍의 왼손 법칙과 같은 방향으로 힘이 발생하며, 그림의 코일은 오른쪽으로 회전합니다. 정류자는 통을 반으로 나눈 모양의 작은 금속 부품인데, 코일 끝부분에 있습니다. 정류자를 부착하면 코일이 반 바퀴 회전할 때마다 코일의 플러스와 마이너스가 바뀝니다. 이렇게 하면 힘의 방향을 일정하게 유지할 수 있으며, 코일은 같은 방향으로 계속 회전할 수 있습니다.

역방향이 되어 왼쪽은 엄지손가락이 위로 가고 오른쪽은 아래를 향합니다. 즉, 이 코일에 전류가 흐르면 왼쪽에는 위로 향하는 힘이 발생하고, 오른쪽에는 아래로 향하는 힘이 발생합니다. 그리고 이 힘에 의해 코일이 시계 방향으로 회전합니다.

그림에 있는 장치는 코일 회전에 따라 전류 방향도 바꿀 수 있습니다. 그렇기 때문에 전류가 흐르는 한 왼쪽에는 위로 향하는 힘이, 오른쪽에는 아래로 향하는 힘이 작용하여 코일이 계속 회전합니다. 전

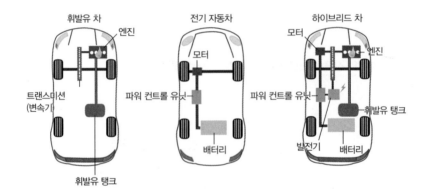

휘발유 차 · 전기 자동차 · 하이브리드 차의 차이점

휘발유 차의 동력원은 엔진입니다. 연료인 휘발유를 연소시켜 발생하는 폭발력을 이용하여 주행합니다. 차량 한 대에 사용되는 부품 수는 약 3만 개입니다.

전기 자동차의 동력원은 모터입니다. 차량에 탑재된 대용량 배터리를 충전하여 전기를 연료로 주행합니다. 차량 한 대에 사용되는 부품 수는 약 1만 개로 휘발유 차량보다 적습니다.

하이브리드 차는 엔진과 모터를 동력으로 주행합니다. 엔진 구동이 메인인 '패러렐 방식', 모터 구동이 메인인 '시리즈 방식', 엔진과 모터를 구분해서 사용하는 '시리즈 · 패러렐 방식', 이렇게 세 종류가 있습니다.

기 자동차 모터는 이 방법을 고속으로 실행합니다.

하이브리드 차는 엔진과 모터를 모두 탑재하고 있어요

전기자동차는 휘발유 차량이 가진 여러 가지 약점을 극복했을 뿐만 아니라 앞으로의 발전이 더욱 기대됩니다.

그렇기는 하지만 아직은 1회 완충으로 주행할 수 있는 거리가 짧고 배터리 용량을 늘리면 물리적으로 무거워진다는 단점이 있습니다.

이 때문에 요즘은 하이브리드 차량도 널리 보급되고 있습니다. 엔진과 모터를 탑재하여 두 개의 동력원으로 주행하는 자동차입니다. 가속할 때나 단거리를 이동할 때는 모터를 사용하고, 장거리를 주행할 때는 엔진 주행으로 변경하는 방법으로 두 동력원의 장점을 모두 살렸습니다.

하이브리드 자동차나 전기 자동차는 '에코카'라고 불리는데, 이산화탄소 배출이 적어 친환경적인 자동차라는 점도 이 방식의 장점 중 하나입니다.

03

차가 급정거하면 왜 몸이 앞으로 기울어질까요?

위험해! 움직이고 있는 지하철 안에서 점프하면 안 돼.

하지만…… 점프하고 있는 동안 창밖의 풍경이 뒤로 지나가잖아요. 엄청나게 먼 거리를 날고 있는 것 같아서 재밌는걸요.

오, 흥미로운 점을 발견했구나. 네가 경험한 것이 '관성' 이란다. 일정한 속도일 때, 움직이고 있는 물체는 계속 움직이려 하고, 정지된 것은 계속 정지해 있으려고 하는 성질이야.

외부에서 힘이 작용하지 않으면 물체는 같은 속도로 계속 운동해요

　집 안에서든 KTX 안에서든 위를 향해 똑바로 점프하면 원래의 장소에 착지하지요. 거실에서 점프해서 부엌에 떨어지거나, KTX 1호 차에서 점프해서 4호 차에 착지하는 건 보통은 불가능한 일입니다. 그럼 KTX 창문에서 밖을 보면서 점프하는 경우는 어떨까요? 창밖에 보이는 도로나 건물은 점프하고 있는 짧은 순간에도 뒤편으로 스쳐 지나갑니다. 점프하는 순간에는 창밖에 숲이 보였는데 착지하는 순간에는 터널 안이 되는 경우도 있지요. 그런데도 '같은 장소'에 착지했다고 할 수 있을까요?
　이 현상은 '관성의 법칙'으로 설명할 수 있습니다. 간단하게 말하면

KTX가 이동하는 것과 관성의 법칙

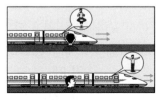

관성이 있는 경우
KTX 1호 차 차량 안에서 승객이 점프하면 다시 1호 차에 착지합니다. 그러나 밖에서 보고 있는 사람의 시점에서는 점프한 순간에 시선 끝에서 진행 방향으로 꽤 이동한 것처럼 보입니다. 점프하고 있는 사람은 KTX와 같은 속도로 이동하고 있는 것입니다.

관성이 없는 경우
만약 관성이 없다면 사람이 점프했던 원래의 위치에 떨어질 것입니다. 그런데 KTX는 엄청난 속도로 달리고 있기 때문에 점프했던 사람은 KTX 차량에 충돌하게 되겠지요.

'일정한 속도로 움직이고 있는 물체는 계속 움직이려고 하고, 정지해 있는 물체는 계속 정지해 있으려고 하는 성질'이라는 물리법칙입니다. 그렇지만 이 법칙대로라면 '공을 던지면 공이 계속 날아가야 하는 것 아닌가요?'라고 생각할 수 있지요. 실제로는 관성의 법칙에는 '외부에서 힘이 가해지지 않으면'이라는 단서가 있습니다. 지구상의 물체에는 중력이나 공기저항 등 다양한 힘이 가해지기 때문에 시간이 지나면 정지합니다. 그러나 이러한 외부의 힘이 가해지지 않는 우주 공간에서는 던진 공이 멈추지 않고 끝없이 날아가게 되지요.

전철에서 몸이 쓰러질 듯 기울어지는 것도 관성이에요

KTX가 달리고 있는 동안, 승객의 신체는 KTX와 같은 속도로 앞으로 이동하고 있는 상태입니다. KTX 안에서 점프를 해도 관성의 법칙에 의해 신체의 이동 속도가 떨어지지 않기 때문에 KTX와 같은 속도로 이동하고 있습니다. 만약 점프한 순간에 몸이 급정지해버린다면, 차량 내에서 자신의 신체만 이동하지 못하고 남겨지게 되겠지요. 1호 차에서 점프한 후, 1호 차에 다시 착지할 수 있는 것은 관성이 있기 때문입니다.

조금 더 일상적인 상황에서 생각을 해볼까요? 전철이 급정지했을 때 몸이 앞으로 고꾸라지는 것도 관성의 영향입니다. 브레이크를 밟아 전철이 정지 상태가 되어도 승객의 몸은 계속 앞으로 나아가려고 하기 때문에 몸만 앞으로 튀어나가게 되는 것입니다. 반대로 급발진을 할 때는 몸이 뒤로 넘어가는데, 전철은 앞으로 움직이지만 몸은 제자리에 멈춰 있으려고 하기 때문입니다.

관성은 우주에서도 작용하는 물리법칙이에요

그럼 스케이트보드 위에서 점프하면 보드 위로 다시 착지하기가 어려운 이유는 무엇일까요? 그 이유 중 하나는 밀폐된 공간인 KTX 내부와는 달리 몸이 공기저항을 받기 때문입니다. 몸도 스케이트보드도 관성에 의해 앞으로 움직이지만, 받게 되는 공기저항의 크기에는 차이가 있습니다. 스케이트보드는 공기 저항을 적게 받기 때문에 앞으로 나아가지만, 몸은 그보다 더 큰 공기저항에 방해받기 때문에 속도를 잃습니다. 그래서 몸과 보드의 위치가 달라져 보드 위에 착지하기가 어려워지는 것이지요.

우리가 평소에 의식하지고 있지는 않지만 관성은 생활의 다양한 곳에서 작용하고 있습니다. 예를 들어, 지구에는 자전이나 공전이라는 형태의 관성이 작용합니다. 그렇기 때문에 지구에서 생활하고 있는 우리도 지구와 같은 속도로 이동하고 있는 것입니다. 만약 관성이 작용하지 않는다면 지구에서 폴짝 뛴 순간, 지면이 앞으로 이동해 버리기 때문에 큰일이 날 것입니다. 우리가 지구에서 일상적인 생활을 할 수 있는 것도 관성이 작용하기 때문입니다.

03

교통 카드는 어떻게 갖다만 해도 인식이 되는 것일까요?

요즘에는 지하철이나 버스를 탈 때 카드 한 장으로 다 해결되니 참 편리하지. 현금을 거의 들고 다니지 않는 것 같아.

저도 교통 카드를 써요. 그런데 카드를 가져다 대기만 해도 인식이 되는 건 왜 그럴까요?

아주 얇은 교통 카드지만 그 안에 들어 있는 IC 칩과 코일 덕분에 판독기에서 전기를 수신할 수 있는 구조라서 그렇단다.

IC 카드 안에는 IC 칩과 코일이 들어 있어요

　예전 교통 카드는 자기 테이프를 카드에 붙이고 테이프 표면의 자성 물질의 특성을 변화시켜 데이터를 전달하는 마그네틱 카드 방식이었습니다. 지금도 일부 신용카드에 사용되고 있죠. 마그네틱 카드는 판독기에 긁어야만 하기에 내구성도 낮고, 자석에 닿으면 정보가 변형되거나 없어지는 등의 문제점이 있었습니다. 데이터 저장 용량이나 보안성도 낮았죠.

그래서 등장한 것이 IC 카드입니다. IC 카드 안에는 데이터를 기록하는 IC 칩과 안테나 코일 회로가 조립되어 있습니다. IC 카드를 판독기에 가져다 대면, 코일은 판독기에서 나온 자력선을 파악하여 전기로 변환합니다. 이 전기로 IC 칩이 기동하고, 회로와 판독기가 데

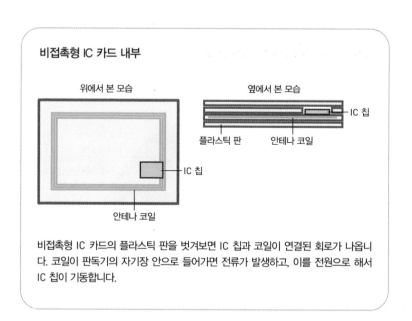

비접촉형 IC 카드 내부

위에서 본 모습　　　　　　　　　옆에서 본 모습

IC 칩

플라스틱 판　　안테나 코일

IC 칩

안테나 코일

비접촉형 IC 카드의 플라스틱 판을 벗겨보면 IC 칩과 코일이 연결된 회로가 나옵니다. 코일이 판독기의 자기장 안으로 들어가면 전류가 발생하고, 이를 전원으로 해서 IC 칩이 기동합니다.

이터를 주고받는 것입니다.

'전자유도'로 데이터를 주고받아요

전기와 자기는 신기한 관계입니다. 코일에 전류를 흘려보내면 자력선이라는 보이지 않는 선을 생성하고, 코일에 자력선을 통과시키면 전류가 흐릅니다. 이 현상을 '전자유도'라고 합니다. 비접촉형 IC 카드는 이 전자 유도 원리를 이용한 것입니다.

앞에서 설명한 것처럼 IC 카드 안에는 IC 칩과 코일이 들어 있습니다. 그리고 비접촉형 IC 카드 판독기에는 항상 자기장이 발생하고 있습니다. 카드를 가져다 대면 카드의 코일이 판독기에서 나오는 자

전자유도로 데이터를 주고받는 원리

IC 카드의 코일이 판독기의 자력선을 파악하면 코일에 유도전류(誘導電流)가 발생합니다. 전기를 받은 IC 칩이 작동하면 코일에서 다른 전자력을 방출하며, 이 전자력에 데이터를 포함시킵니다. IC 카드와 판독기는 불과 0.1초 만에 통신합니다.

① 판독기에서 방출되는 전자선

③ IC 카드에서 다른 자력선이 방출되며 판독기와 통신한다

② 안테나 코일이 자력선을 파악하면 유도전류로 IC 칩이 기동한다

력선을 파악하고, IC 칩에 전기가 흐릅니다. 그리고 전기를 받은 IC 칩은 메모리의 데이터를 변환하고, 다른 자력선을 방출하여 판독기와 데이터를 주고받습니다.

즉, IC 카드의 코일은 안테나와 전원의 두 가지 역할을 하는 것입니다. 비접촉식 IC 카드에 전지가 없는데도 작동할 수 있는 원리는 바로 이 때문입니다.

IC 카드 두 장을 겹쳐서 사용하면 어떻게 될까요?

비접촉식 IC 카드는 자계의 유효 범위에 따라 밀착형, 근접형, 근방형, 원격형의 네 종류가 있습니다. 통신 거리는 밀착형 2mm 이내, 근접형 10cm 이내, 근방형 70cm 이내, 원격형 70cm 이상으로 분류됩니다. 교통용 IC 카드는 근접형이기 때문에 통신거리는 10cm 정도입니다.

지갑이나 케이스에 IC 카드를 여러 장 넣으면 오류가 발생해 개찰구를 통과하지 못할 때가 있습니다. 이러한 오류는 카드들의 자력선이 간섭을 일으켜 필요한 전기를 확보하지 못해서 발생하는 것입니다. 비접촉식 IC 카드 판독기에 카드를 접촉할 때는 다른 IC 카드와 겹치지 않게 하는 것이 좋겠지요.

이 장에서 소개한 전자유도의 원리는 IH 인덕션이나 스마트폰 무선충전 등 현대의 가전제품에 폭넓게 사용되고 있습니다. 이 원리를 잘 알아두면 우리 주변의 궁금증들 중 많은 것을 해소할 수 있을 것입니다. 그러니 꼭 기억해두면 좋겠지요.

03

새는 왜 전선에 앉아도 감전되지 않는 걸까요?

어제 바람이 엄청나게 불더구나. 여기 바로 근처에서도 전선이 끊어져서 지면 가까이 늘어져 있더라고. 위험하니까 절대로 가까이 가면 안 돼!!

어? 참새나 까마귀는 아무렇지도 않게 전선에 앉아 있잖아요. 그런데 왜 사람은 전선에 접촉하면 위험한 거죠?

새들은 전선 한 가닥에 앉아 있으니까 괜찮은 거야. 다른 전선에도 동시에 접촉하면 새들도 감전된단다.

전선 한 가닥으로는 감전되지 않아요

발전소에서 만들어진 전기는 전선을 통해서 각 가정에 전달됩니다. 전기를 흐르게 하는 힘을 전압이라고 하며, 단위는 V(볼트)로 표시합니다. 발전소에서 만들어진 전기는 최대 50만 V의 대단히 높은 전압으로 송전선에 송출되고, 변전소 몇 군데를 거치는 동안 전압이 조금씩 낮아집니다. 그리고 가정으로 들어가기 전에 전봇대의 주상변압기에 의해 220V로 낮춰집니다.

전기가 위험한 이유를 전압만 가지고 설명할 수는 없지만, 가정용 220V 전압이라 하더라도 감전되면 큰 부상을 입거나 생명을 잃는 경우도 있습니다. 그런데 새들은 전선에 앉아 있어도 감전되지 않지요. 왜 새는 아무렇지 않을까요? 한 마디로 요약하자면, 새는 전선 한 가닥에 앉아 있기 때문에 문제가 없는 것입니다. 감전이란 전기가 몸 내부를 통과하는 것을 의미하는데, 새가 다른 물체에 접촉해 있지 않으면 전기가 흐를 통로가 생기지 않습니다. 전기가 흘러갈 곳이 없기

전기는 흐르기 쉬운 곳으로 흘러가요

전기가 통하기 어려운 경로

✖

전기가 통하기 쉬운 경로

전기는 더 흐르기 쉬운 경로를 통과하려는 성질이 있습니다. 새의 몸통과 전선을 비교해 보면, 전선의 저항이 더 작기 때문에 전기는 통과하기 쉬운 전선 쪽으로 흐르는 것입니다.

때문에 새가 감전되지 않는 것이지요.

전기는 경로를 선택하는 성질을 가지고 있어요

전선에 앉아 있는 새가 감전되지 않는 이유를 전기의 두 가지 성질을 통해서 좀 더 알아봅시다.

먼저, 전기는 조금이라도 저항이 적고 흐르기 쉬운 곳으로 흐르려는 성질이 있습니다. 손실 없이 전기가 흐를 수 있도록 고안된 전선과, 지방처럼 전기가 통과하기 힘든 물질이 포함되어 있는 새의 몸통이라는 두 가지 경로가 있을 때, 전기가 흐르기 쉬운 쪽은 두말할 것도 없이 전선입니다. 그렇기 때문에 전기는 새의 몸통이 아니라 전선을 그대로 통과하는 것입니다.

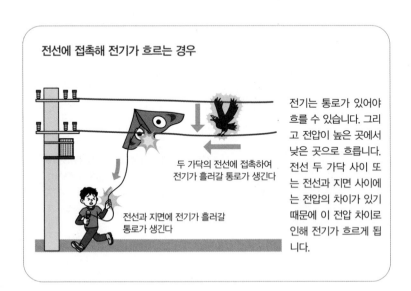

전선에 접촉해 전기가 흐르는 경우

두 가닥의 전선에 접촉하여 전기가 흘러갈 통로가 생긴다

전선과 지면에 전기가 흘러갈 통로가 생긴다

전기는 통로가 있어야 흐를 수 있습니다. 그리고 전압이 높은 곳에서 낮은 곳으로 흐릅니다. 전선 두 가닥 사이 또는 전선과 지면 사이에는 전압의 차이가 있기 때문에 이 전압 차이로 인해 전기가 흐르게 됩니다.

또한 전기는 전압이 높은 쪽에서 낮은 쪽으로 흐릅니다. 물도 높은 곳에서 낮은 곳으로 흐르고 높낮이의 차이가 없다면 아무 곳으로도 흘러가지 않는 것처럼 전기도 이와 마찬가지입니다. 그럼, 새가 전선에 앉아 있는 상황을 연상해 봅시다. 새가 양발을 모아서 전선 한 가닥을 움켜쥐고 있습니다. 전선을 한 가닥만 잡고 있다면 새의 왼쪽 발과 오른쪽 발이 접촉하고 있는 지점의 전압이 거의 동일합니다. 다시 말해, 전압에 차이가 없기 때문에 전기가 흐르지 않아서 새가 감전되지 않는 것입니다.

우리 몸이 전기가 통과하는 통로가 되면 감전이 돼요

그렇다면 왜 사람은 전선에 접촉하면 감전되는 것일까요? 그 이유는 발이 지면에 접촉한 상태이기 때문입니다.

예를 들어 전선에 얽혀 있는 물체를 풀어내려고 막대기를 가져와서 전선에 접촉했다고 가정해 봅시다. 이때 전선에서 봉을 통과해서 지면으로 흐르는 전기의 통로가 만들어집니다. 또한 전선과 지면에는 전압의 차이가 있습니다. 그렇기 때문에 전선에서 지면으로 전기가 흐르게 되고, 그 통로가 된 사람은 감전되는 것이지요.

새도 전선에 앉아서 날개를 쭉 폈을 때 다른 전선에 접촉하면 큰일이 납니다. 접촉한 두 지점에 전압 차이가 있기 때문에 전기가 새의 몸통을 통과하여 흘러가게 되는 것이지요. 그렇게 되면 사람과 마찬가지로 새도 감전됩니다.

03

일회용 손난로는 어떤 원리로 따뜻해지는 것일까요?

아~ 추워요. 이런 날은 일회용 손난로를 손에서 놓을 수가 없어요. 정말 따뜻하기도 하고, 만질 때 사르륵 사르륵 거리는 소리가 꽤 좋거든요.

손난로 안에 뭐가 들어 있는지 알고 있니? 일회용 손난로를 흔들 때 나는 사르륵 거리는 소리의 정체는 주로 철 가루란다. 그리고 일회용 손난로에는 그 이외에도 여러 가지 '과학'이 집약되어 있어.

우와, 뭐가 들어있는 걸까요? 불도 전기도 사용하지 않는데 금방 따뜻해지니까 예전부터 신기하다고 생각했거든요!

일회용 손난로 안에 들어 있는 검은 가루의 정체는 철이에요

보온용품의 역사를 거슬러 올라가 보면 따뜻하게 데운 돌을 천에 감싸는 '온석(溫石)'이나 금속 용기에서 숯을 태우는 '재를 이용한 화로(灰式 화로)' 등 다양한 종류가 존재합니다. 이불 안에서 사용하는 탕파(뜨거운 물을 넣어 그 온기로 몸을 따뜻하게 하는 물건)도 보온용품 중 하나라고 할 수 있겠네요.

그러나 옛날에 사용하던 보온용품은 미리 데우거나 불을 붙이는 등 준비하기가 꽤 번거로웠습니다. 그렇기 때문에 일회용 손난로는 등장하자마자 순식간에 보급되었지요. 흔들기만 하면 따뜻해지기 때문에 아주 편리하고, 장소나 환경을 가리지 않고 어디서나 사용할 수 있지요. 게다가 따뜻함이 반나절이나 지속되기 때문에 추운 겨울에 외출할 때 빼놓을 수 없는 물건으로 완전히 정착했습니다.

일회용 손난로를 편리하게 사용하다가 어느 날 문득 내부가 궁금해져서 속 포장을 뜯어본 적이 있지 않나요? 속 포장 안에는 검은 가루

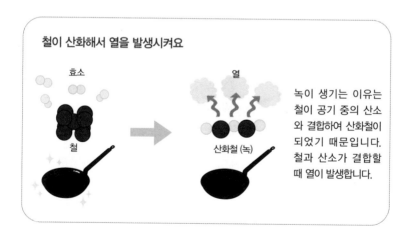

철이 산화해서 열을 발생시켜요

효소

열

철

산화철 (녹)

녹이 생기는 이유는 철이 공기 중의 산소와 결합하여 산화철이 되었기 때문입니다. 철과 산소가 결합할 때 열이 발생합니다.

가 가득 들어 있지요. 모래밭에 자석을 가져다 대면 달라붙는 모래처럼 생긴 철 가루와 비슷하기도 하고, 프라이팬 같은 금속 물체들에서 나는 금속 냄새 때문에 이 검은 가루의 정체가 철이라는 걸 알아차린 사람들도 적지 않을 것입니다. 실제로 일회용 손난로에는 철 가루가 열을 방출하는 원리가 적용되었습니다.

철은 녹이 슬 때 열을 방출해요

철은 시간이 지나면 녹이 발생합니다. 이것을 화학에서는 산화라고 표현하는데, 공기 중의 산소와 철이 결합하여 '산화철'이라고 하는 다른 물질로 변화하는 현상입니다. 철은 공기에 노출되어 있으면 계속 산화 반응을 일으키는데, 이때 열이 발생합니다. 그렇긴 하지만 자연적으로 산화가 발생할 때는 아주 미미한 열을 방출하기 때문에 일상생활에서 철로 된 제품을 만져도 '뜨겁다'고 느끼지 않습니다. 일회용 손난로가 따뜻해지는 것은 이러한 산화열을 이용한 것입니다. 인공적으로 산화 반응을 촉진시켜서 많은 열을 방출하게 하는 것이지요.

물·염류·활성탄으로 산화를 촉진해요

일회용 손난로 안에는 철 가루 외에도 물, 염류, 활성탄, 버미큘라이트(질석) 등이 혼합되어 있는데, 이 재료들에는 철 가루의 산화를 촉진하기 위한 각각의 역할이 있습니다.

물과 소금은 철 가루의 산화를 촉진하는 작용을 합니다. 금속을 바닷물에 넣으면 금방 녹이 발생하는데, 이와 같은 효과를 내는 것이지요. 활성탄은 열이 발생하기 시작하면 그 열을 보존하는 역할을 합니다. 그리고 그와 동시에 산소와 철의 결합을 돕는 역할도 합니다.

그런데 지금까지 한 설명을 보면서 의문이 드는 부분이 있었나요? '일회용 손난로에 물이 들어 있었나?'라는 의문 말이에요. 그런데 물은 분명히 들어 있습니다. 물은 버미큘라이트라는 인공 흙에 스며들어 있지요. 버미큘라이트는 흡수성이 매우 높은 흙으로 원예나 농업에 사용됩니다. 그렇기 때문에 물기로 일회용 손난로가 축축해지지 않으면서도 수분을 머금을 수 있는 것이지요.

그 밖에도 내용물을 감싸고 있는 천은 공기가 잘 통하는 구조로 만들어져 있는 등, 일회용 손난로에는 다양한 과학 원리가 함축되어 있습니다. 이런 걸 한번 쓰고 버린다니 아깝다는 생각이 들기도 하네요.

일회용 손난로의 성분과 원리

성분명	역할
철 가루	일회용 손난로의 주성분. 산소와 반응하여 열을 방출한다. 입자 형태로 만들어 표면적을 넓혀 산화 반응을 촉진시킨다.
물	철의 산화를 촉진시킨다.
염류	철의 산화를 촉진시킨다.
활성탄	발열 후에 열을 유지하는 효과. 그리고 산소와 철을 끌어당기는 역할을 한다.
버미큘라이트	물을 머금고 있게 하는 수분 보존재의 역할을 한다. 흡수성이 높은 인공 흙이며, 질석(蛭石)이라고도 한다. 일반적으로는 농업이나 원예에 사용한다.

03

불꽃축제에서 쓰이는 다양한 색깔의 불꽃은 어떻게 만드는 걸까요?

오늘 불꽃축제가 있는 날이네. 넌 보러 가니?

네! 불꽃 색깔이 화려하고 예뻐서 너무 좋아요. 그런데 생각해보니까 모닥불이나 가스레인지의 불은 이 정도로 예쁘지 않은 것 같은데요?

다양한 색깔의 불꽃은 불꽃반응이라는 현상을 이용해서 만들어 내는 거야. 금속을 연소시키면 불꽃의 색깔이 변화한단다.

금속이 연소하면 불꽃에 색깔이 생겨요

불꽃축제는 밤하늘을 색색으로 물들이는 여름밤의 명물이지요. 불꽃놀이의 불꽃은 빨간색, 초록색, 보라색 등 아주 다채로운 색깔입니다. 이 색깔은 우리가 흔히 볼 수 있는 가스레인지의 푸른 불꽃이나 모닥불의 오렌지 색깔의 불꽃과는 꽤 차이가 있는데, 그 이유는 불꽃놀이용 화약 안에 불꽃 반응을 일으키는 금속이 사용되었기 때문입니다.

불꽃 반응이란 특정한 금속이 연소할 때 불꽃의 색상이 변하는 현상을 가리킵니다. 불꽃 반응을 일으키는 금속은 아래 표에 정리되어 있습니다. 익숙하지 않은 물질의 이름도 많이 나열되어 있지만 그중에는 식용소금(염화나트륨)에 포함된 나트륨처럼 생활에서 흔히 볼 수 있는 물질도 있습니다. 된장국이 끓어넘칠 때 가스레인지 불꽃이 순간적으로 노란색이 되는 걸 본 적이 있나요? 그 이유는 된장국에 포함된 나트륨 성분이 반응했기 때문입니다.

불꽃 반응을 일으키는 금속들

리어카를	나 혼자	깔깔거리며	굴렸더니
리튬(Li) (짙은) 빨간색	나트륨(Na) 노란색	칼륨(K) (붉은) 보라색	구리(Cu) 청록색

칼 갈이	스샷 찍혀서	바보가 되었네
칼슘(Ca) 주황색	스트론튬(Sr) 진홍색	바륨(Ba) 연두색

수능을 준비하는 학생들은 앞 페이지에 나온 표처럼 시험에 자주 나오는 물질의 앞 글자를 따서 외어보는 건 어떨까요? 뜻을 알 수 없는 주문처럼 느껴져서 고개를 갸웃거릴지도 모르겠지만, 관심이 있다면 한 번 외워보기 바랍니다.

하늘에 쏘아 올리는 불꽃은 어느 방향에서 보더라도 동일한 모양일까요?

불꽃놀이용 구슬 안에는 '화약 구슬'이라는 화약을 뭉쳐놓은 작은 구슬이 가득 채워져 있습니다. 화약 구슬에는 화약과 함께 불꽃 반응을 일으키는 금속이 들어 있는데, 리튬이 들어있으면 빨간색 불꽃이 되고 칼륨이 들어 있으면 보라색이 됩니다.

불꽃 반응을 일으키는 물질

원소	색	원소	색
인듐	짙은 파란색	구리	청록색
칼륨	붉은 보라색	나트륨	노란색
칼슘	주황색	바륨	연두색
스트론튬	짙은 빨간색	붕소	연두색
세슘	푸른빛을 띤 보라색	리튬	짙은 빨간색
탈륨	연두색	루비듐	짙은 빨간색

이제 화약 구슬의 배치 순서에 따라 다양한 디자인의 불꽃을 만들어 낼 수 있습니다. 불꽃을 만드는 장인들은 불꽃의 디자인을 미리 연상한 다음, 화약 구슬이 터졌을 때 어디에서 어떤 모양이나 색상이 될지 계산하면서 화약 구슬을 채웁니다.

덧붙여서 '불꽃놀이는 어느 방향에서 보더라도 같은 모양으로 보일까?'라는 질문을 자주 들을 수 있는데, 옛날부터 사용되던 '큰 꽃송이' 디자인은 쏘아 올린 구슬을 중심으로 구체 형태로 퍼져나가며 폭발하기 때문에 어느 방향에서든 같은 모양으로 보입니다. 공을 어떤 각도에서 보더라도 둥글게 보이는 것과 같은 원리이지요.

그런데 요즘에는 불꽃 축제 때 하트 모양이나 별 모양, 캐릭터 모양의 불꽃 등 다채로운 불꽃 모양을 볼 수 있습니다. 이처럼 균일하지 않은 모양의 불꽃이라면 보는 방향에 따라 다르게 보입니다.

불꽃의 단면도

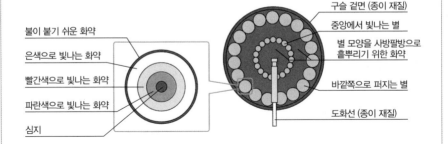

불꽃놀이용으로 쏘아 올리는 큰 구슬 안에는 '화약 구슬'이라고 불리는 작은 구슬들이 가득 채워져 있습니다. 화약 구슬 안에는 화약과 불꽃 반응을 일으키는 금속이 채워져 있으며, 그 조합이나 배치에 따라서 다양한 모양의 불꽃을 수놓을 수 있습니다.

04

4장

-

하이테크 기술에
숨겨진 과학

04
스마트폰은 어떤 원리로 통화나 통신을 할 수 있는 걸까요?

지금 멀리 이사 간 친구랑 통화하고 있어요. 스마트폰은 정말 굉장한 것 같아요. 그렇게 먼 곳까지 전파를 보낼 수 있다는 거잖아요.

그건 오해란다. 스마트폰의 전파는 실제로 몇 km 정도 떨어진 곳까지만 닿을 수 있어. 사실 스마트폰에서 쏘아낸 전파를 국내의 기지국에서 중계해서 상대에게 보내는 것이지.

직접 연결되어 있는 게 아닌 거군요. 그런데 전화도 인터넷도 바로 연결되는 건 어떤 원리에서일까요?

휴대전화의 전파는 기지국에서 중계되지요

폴더폰이든 스마트폰이든 라디오나 TV처럼 전파로 음성을 주고받습니다. 다만, 실제로는 단말기의 전파가 닿는 범위는 겨우 몇 km에 불과합니다. 한국 내에서, 더 나아가서 전 세계 어느 곳에 있을지 모르는 상대방의 단말기와 전파로 직접 연결하는 것은 불가능한 일이지요.

그런데 국내의 어느 지역에 있더라도 다른 사람과 통화를 할 수 있는

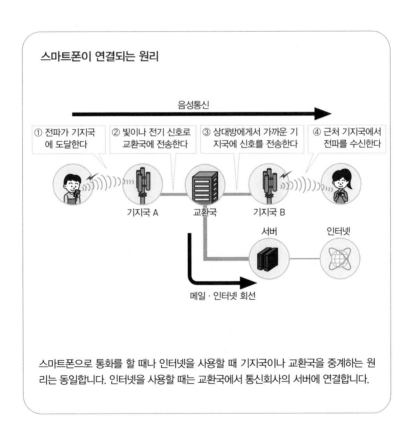

스마트폰이 연결되는 원리

음성통신

① 전파가 기지국에 도달한다 ② 빛이나 전기 신호로 교환국에 전송한다 ③ 상대방에게서 가까운 기지국에 신호를 전송한다 ④ 근처 기지국에서 전파를 수신한다

기지국 A   교환국   기지국 B

서버   인터넷

메일 · 인터넷 회선

스마트폰으로 통화를 할 때나 인터넷을 사용할 때 기지국이나 교환국을 중계하는 원리는 동일합니다. 인터넷을 사용할 때는 교환국에서 통신회사의 서버에 연결합니다.

것은 스마트폰의 전파를 송신 및 수신할 수 있는 '기지국' 통신망이 한국 전체에 퍼져 있기 때문입니다. 기지국이란 스마트폰의 전파를 송수신할 수 있는 안테나 설비로, 철탑이나 빌딩 옥상 등 전국에 110만 군데 이상(LTE와 5G 합산) 설치되어 있습니다. 이렇게 방방곡곡에 설치되어 있는 기지국들을 유선 케이블로 연결하여 거대한 휴대전화 네트워크를 만들어 냅니다.

스마트폰에서 전파가 발신되면 근처의 기지국까지 전송되고, 그곳에서부터는 유선 케이블로 상대방 근처에 있는 기지국까지 전송되며, 전파를 통해 상대방의 스마트폰에 전달되는 구조입니다. 다시 말해서, 스마트폰에서 방출한 전파로 통신을 하는 것은 가장 가까이 있는

핸드오버의 원리

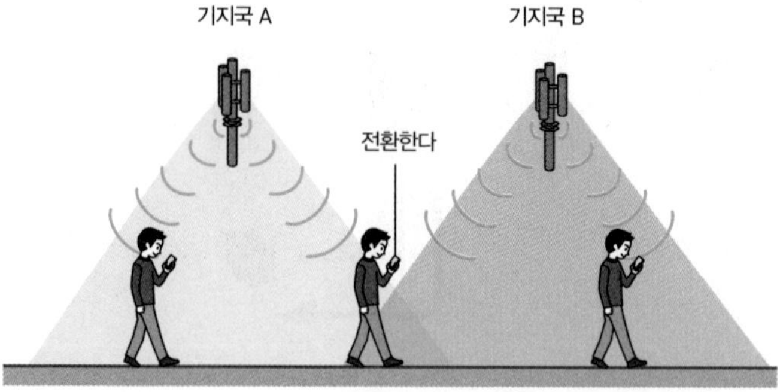

기지국 A   전환한다   기지국 B

이동 중일 때 통신하는 기지국을 바꾸는 것을 '핸드오버'라고 합니다. 스마트폰은 항상 전파의 세기가 강한 기지국과 통신하기 때문에 끊김 없이 통화나 통신을 할 수 있습니다.

기지국까지이며, 통신망의 대부분은 유선 케이블로 연결되어 있는 것이지요.

이동 중에도 전화가 끊기지 않는 이유는 무엇일까요?

전파의 이동 경로를 좀 더 구체적으로 살펴보기 위해 A와 B가 통화를 하고 있다고 가정을 해봅시다.

우선 A가 스마트폰의 통화 버튼을 터치하면, B의 스마트폰을 호출하기 위한 전파가 발신됩니다. 이 전파를 수신하는 곳은 A와 가장 가까이 있는 기지국입니다.

기지국이 수신한 전파는 빛이나 전기 신호로 변환되며, 광섬유라고 하는 케이블을 통과하여 '교환국'에 전송됩니다. 교환국이란 기지국을 유선으로 연결하여 중계하는 역할을 하는 설비로, 각 지역마다 설치되어 있습니다. A 근처의 기지국에서 송신된 광신호는 교환국을 거쳐 B에게서 가장 가까이 있는 기지국으로 전송됩니다.

B와 가장 가까운 기지국에서는 이 광신호를 다시 전파로 변환한 후 B의 스마트폰에 전송합니다. B의 스마트폰이 이 전파를 수신하면 A와 B의 스마트폰이 연결되어 통화를 할 수 있게 되는 것이지요.

그런데, 이동 중일 때 통화를 하는 상황도 발생할 수 있겠지요. 그렇기 때문에 스마트폰은 항상 인근 기지국의 전파강도를 측정하고, 기지국의 범위에서 벗어나 강도가 약해지면 전파강도가 더 강한 다른 기지국으로 전환합니다. 이것을 '핸드오버(hand over)'라고 합니다. 이동을 하고 있는 도중에도 위화감 없이 통화할 수 있는 것은 이런 여러 가지 통신 기술이 적용되었기 때문입니다.

실용화 단계인 '5G'도 휴대전화의 통신망을 사용해요

전국으로 퍼져 있는 기지국에서 구역을 나눠 통신하는 휴대전화의 통신망을 지도상에서 살펴보면 세포(셀, cell) 모양으로 보이기 때문에 '셀룰러 회선'이라고도 부릅니다. 지금까지는 통화를 예로 들어 설명했는데, 이 셀룰러 회선을 사용하면 휴대폰으로 메일을 주고받거나 인터넷에 접속할 수도 있습니다.

이동 통신 시스템의 세대별 분류

세대		통신속도	특징
1G	1세대	–	아날로그 방식, 음성 통화만 가능
2G	2세대	2.4~28.8kbps	디지털 방식, 음성과 패킷 통신
3G	3세대	384kbps	전세계 표준 디지털 방식
3.5G	3.5세대	최대 약 14Mbps	음성과 데이터 통신
3.9G	3.9세대	최대 약 100Mbps	대용량 데이터 통신
4G	4세대	100Mbps~1Gbps	3.9를 더욱 고속화, 대용량화함
5G	5세대	약 10Gbps	초고속 · 초대용량 데이터 통신, 초다중 접속, 초저지연

아직까지 대다수의 스마트폰은 '4G' 회선으로 통신합니다. 여기서 'G'는 '세대(generation)'라는 의미입니다. 간단하게 말하자면 숫자가 클수록 회선 속도가 빨라집니다. 일반적으로 널리 사용 중인 4G도 동영상이나 SNS, 웹 페이지를 보기에 충분한 속도이지만, 실용화 단계에 접어든 '5G'가 본격적으로 도입되면 지금보다 100배의 속도를 낼 수 있다고 합니다. 그렇게 되면 자동차의 자동 운전이나 원격 의료 등 개인이 오락을 즐기는 범주를 넘어서서 사회를 크게 변화시킬 것이라고 기대합니다.

얼마 전 뉴스를 보니 6G도 개발 중이라면서요?

2030년에는 6G가 상용화될 것이라 전망되고 있단다. 최대 전송 속도가 1000Gbps에 달하기에 초고속 데이터 전송을 이용한 3D 홀로그램으로 통화가 가능할 수도 있어.

04 터치스크린은 어떻게 손가락의 움직임에 반응하는 걸까요?

어? 스마트폰 화면을 아무리 터치해도 반응을 안 해요. 설마 고장 난 건가요?

혹시 손가락이 너무 건조해서 그런 건 아닐까? 스마트폰의 터치스크린은 표면의 정전기에 접촉하면 반응하는 것이거든. 손끝을 약간 촉촉하게 만들어 보렴.

그래요? 앗, 이제 되네요! 다행이다~~~ 여러 기계들에 터치스크린이 사용되는 것 같은데, 스마트폰에 사용되는 거랑 게임기에 사용되는 건 다를까요?

직관적인 조작이 가능한 것이 터치스크린의 장점이에요

역의 승차권 발권기나 은행 ATM기, 펜을 사용하는 종류의 기계의 경우라면 스티커 사진기나 PDA(휴대 정보 단말기) 등, 터치스크린은 생각보다 우리 주변에서 널리 사용되고 있습니다. 그리고 아이폰을 필두로 한 스마트폰이 보급되기 시작하면서 지금은 노트북이나 휴대용 게임기 등 온갖 기계들에도 사용되고 있습니다. 화면을 직접 터치해서 클릭하는 것뿐만 아니라, 손가락으로 쓸어 넘기는 스와이프 기능의 종류를 다양하게 구분하여 화면을 스크롤, 확대, 축소까지 자유자재로 할 수 있습니다. 이렇게 직관적으로 조작할 수 있는 것이 가장 큰 특징이지요.

터치스크린의 기본 원리는 손가락 등을 사용해서 스크린에 접촉했을 때의 전기적인 변화를 검출하여 그 위치를 특정 짓는 것입니다. 이것을 크게 나누면 '저항막 방식'과 '정전 용량 방식', 이 두 가지로 분류

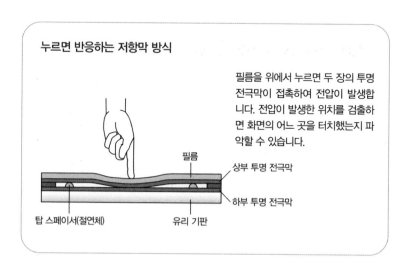

누르면 반응하는 저항막 방식

필름을 위에서 누르면 두 장의 투명 전극막이 접촉하여 전압이 발생합니다. 전압이 발생한 위치를 검출하면 화면의 어느 곳을 터치했는지 파악할 수 있습니다.

필름

상부 투명 전극막

하부 투명 전극막

탑 스페이서(절연체)   유리 기판

할 수 있습니다.

누르면 전압이 발생하는 '저항막 방식'

요즘 가장 많이 보급되어 있는 것이 '저항막 방식'입니다. 터치스크린이 전극을 배치한 이중의 막(膜) 구조로 되어 있고 두 막이 접촉하면 전류가 흐르는 방식입니다. 평상시에는 두 막의 중간에 틈새가 있기 때문에 막끼리 접촉하지 않습니다. 그러나 손가락이나 펜으로 스크린 위를 누르면 막이 접촉하여 전류가 흐르게 됩니다. 이것을 감지하여 스크린의 어느 부분을 터치했는지 산출할 수 있습니다.

위에서 압력을 가하면 반응하는 단순한 구조이기 때문에 펜이나 장갑을 낀 상태에서도 조작할 수 있습니다. 누르는 압력의 세기도 감지할 수 있어서 휴대용 게임기 등에서도 저항막 방식의 터치스크린을

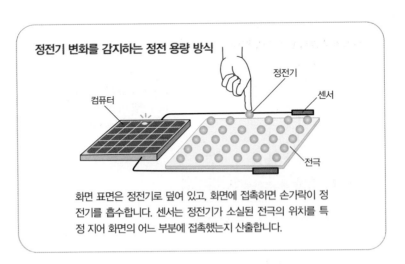

정전기 변화를 감지하는 정전 용량 방식

컴퓨터

정전기

센서

전극

화면 표면은 정전기로 덮여 있고, 화면에 접촉하면 손가락이 정전기를 흡수합니다. 센서는 정전기가 소실된 전극의 위치를 특정 지어 화면의 어느 부분에 접촉했는지 산출합니다.

많이 사용하지만, 섬세한 조작에는 적합하지 않습니다. 그렇기 때문에 스마트폰에는 다른 방식의 터치스크린이 사용됩니다.

정전기에 접촉하면 반응하는 '정전 용량 방식'

스마트폰에서 사용하는 방식은 '정전 용량 방식'입니다. 이 방식은 터치스크린 안에 전극이 가로 세로 방향으로 규칙적으로 배치되어 있고, 스크린 표면은 항상 일정한 정전기로 뒤덮여 있습니다. 스크린에 손가락 끝을 가져다 대면, 그 부분의 정전기가 손가락에 흘러 들어가 흡수되고, 전극의 어느 부분에서 정전기가 흡수되었는지 감지합니다. 장기를 예로 들면, 장기 말을 올려둔 위치를 표현할 때 세로 방향 번호와 가로 방향 번호를 조합하여 '5육보(5六步)'라고 표현하는 것과 같은 방식입니다. 정전 용량 방식의 터치스크린도 전극이 일정하게 배열되어 있기 때문에 이와 같은 방법으로 손가락이 접촉한 위치를 나타낼 수 있습니다. 또한, 여러 개의 전극을 동시에 감지할 수 있기 때문에 스마트폰에는 빼놓을 수 없는 두 가지 중요한 동작 즉, 접촉한 두 손가락을 오므려서 화면을 축소하거나 벌려서 확대하는 동작을 할 수 있습니다.

한편, 손가락이나 전용 펜처럼 정전기를 흡수하는 물체로 접촉하지 않으면 반응을 하지 않습니다. 그러므로 장갑을 끼고 있거나 피부가 아주 건조한 상태라면 잘 반응하지 않는 것은 위와 같은 이유 때문입니다. 장갑을 낀 상태에서도 스마트폰을 조작할 수 있게 하는 장갑은 손가락 끝에만 정전기를 흡수하는 소재를 사용하여 손가락으로 접촉하고 있는 것과 동일한 상태가 되게 합니다.

디지털카메라는 어떤 원리로 사진을 찍는 걸까요?

여기 제가 찍은 꽃 사진 좀 보세요! 실제 꽃보다 더 예쁘게 찍었죠!

빛을 잘 포착했구나. 원래 카메라는 빛을 기록하는 장치란다. 다시 말해, 빛을 기록한 것이 사진이라는 거지.

그러고 보니 디지털카메라는 어떤 원리로 사진을 찍는 걸까요? 그 원리를 알면 좀 더 사진을 잘 찍을 수 있을 것 같은데요.

카메라는 빛을 기록해요

　카메라의 종류는 매우 다양하지만 렌즈를 통과한 빛을 기록하는 원리는 모든 카메라에 적용됩니다. 디지털카메라는 빛을 디지털 데이터로 변환하여 기록하지요. 그러면, 빛이 어떻게 움직이는지를 살펴보면서 디지털카메라로 사진을 찍는 원리를 알아보도록 할까요?

렌즈는 피사체에서 빛을 모으는 역할을 합니다. 일반적인 렌즈는 중심부가 볼록 튀어나온 형태(凸 모양) 입니다. 예를 들어 꽃이 피사체라고 가정해 봅시다. 꽃에 접촉한 빛은 여러 방향으로 반사되는데, 여러 갈래로 반사되는 빛 중에서 피사체에서 렌즈 방향으로 반사된 빛은 렌즈를 통과한 후 하나의 점에 모이게 됩니다. 여러분은 돋보기로 햇빛을 모으는 실험을 해 본 적이 있나요? 이것과 같은 원리입니다. 가운데가 볼록 튀어나온 모양의 렌즈는 가운데 부분이 두껍고,

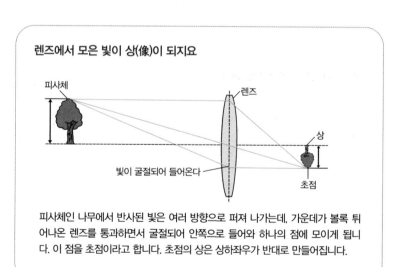

렌즈에서 모은 빛이 상(像)이 되지요

피사체　　　　　　　　　　　렌즈

상

빛이 굴절되어 들어온다　　　　　　　초점

피사체인 나무에서 반사된 빛은 여러 방향으로 퍼져 나가는데, 가운데가 볼록 튀어나온 렌즈를 통과하면서 굴절되어 안쪽으로 들어와 하나의 점에 모이게 됩니다. 이 점을 초점이라고 합니다. 초점의 상은 상하좌우가 반대로 만들어집니다.

끝부분으로 갈수록 얇아집니다. 렌즈의 중심을 통과하는 빛은 거의 똑바로 나아가지만 가장자리를 통과하는 빛은 굴절되고 안쪽으로 나아갑니다. 가장자리의 바깥쪽으로 갈수록 빛이 크게 굴절되기 때문에 렌즈에 들어온 빛은 한 점에 모이게 됩니다. 빛이 모이는 이 점을 '초점'이라고 합니다.

빛을 디지털 데이터로 변환하는 '촬상 소자'

초점에 모인 빛은 '감광재'에 기록됩니다. 아날로그 카메라라면 필름에 기록이 되는데, 디지털카메라의 경우에는 '촬상 소자'라는 전자 부품이 이에 해당하며, 피사체의 빛을 전기 신호로 변환합니다. 촬상 소자에는 미세한 입자의 광센서가 격자 형상으로 촘촘히 채워져 있고, 하나의 센서가 1화소입니다. 디지털카메라의 성능을 언급

빛을 전기 신호로 변환하는 원리

렌즈에서 모은 빛이 컬러 필터를 통과하여 광센서(포토다이오드)에 접촉하면 전기가 발생합니다. 1화소는 빨간색·파란색·녹색 중에서 한 가지 색만 담당하는데, 예를 들어 빨간색을 담당하는 화소가 빨간색 빛이 '있는지·없는지' 그리고 '강·약' 을 식별합니다. 이 세 가지 색이 모이면 다채로운 색을 표현할 수 있고, 그렇게 한 장의 화상을 구성합니다.

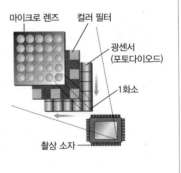

마이크로 렌즈　컬러 필터
광센서
(포토다이오드)
1화소
촬상 소자

할 때 '2000만 화소'와 같은 표현을 들어본 적이 있을 텐데요, 이것은 광센서가 2000만 개 들어 있다는 의미입니다.

렌즈에서 빛이 들어오면 광센서는 자신이 담당하는 영역에 빛이 '있음(1)' 혹은 '없음(0)'을 판단하고, 빛의 강약에 따라 전압을 달리합니다. 카메라에 내장된 컴퓨터는 모든 센서의 정보를 집계해 어느 위치에 얼마만큼의 전압이 가해지는지 파악합니다. 픽셀 아트와 마찬가지로 화소 단위의 정보를 통해 각 영역을 연결해나가면 화상 데이터가 한 장의 사진으로 구성되는 원리입니다.

그러나 광센서가 감지할 수 있는 것은 빛의 강약뿐이고, 빛의 색상은 구별할 수 없습니다. 그렇기 때문에 광센서에 빨간색·파란색·초록색의 컬러 필터를 씌워서 각 센서마다 통과시키는 빛의 색상을 다르게 할당합니다. 예를 들면, 빨간색을 담당하는 센서에는 빨간색 필터를 씌워서 빨간색 빛 이외에는 통과할 수 없게 합니다. 마찬가지로 파란색, 초록색을 담당하는 센서를 정해서 세 가지 색을 나눕니다.

빨간색·파란색·초록색은 '빛의 삼원색'이라고 불리는데, 이 세 가지 색으로 거의 모든 색상을 재현할 수 있습니다. 광센서 하나하나는 크기가 매우 작은데, 이 삼원색의 빛을 모아 한 장의 화상을 만들면, 우리의 눈에는 색이 구현된 아름다운 사진으로 보이는 것입니다.

촬상 소자에서 추출한 화상은 화상 처리 엔진에서 디지털 데이터로 변환되고, 다양한 화상 처리 과정을 거칩니다. 그리고 메모리카드 등의 기록 장치에 디지털 데이터로 기록됩니다.

04 어떻게 GPS로 내가 있는 위치를 알 수 있을까요?

심부름하느라 수고 많았어.
길을 헤매진 않았니?

스마트폰으로 지도 앱을 사용했더니 문제없었어요. 내가 있는 위치도 알려주고, 목적지까지의 거리까지 실시간으로 알려주니까 정말 편리하던데요.

스마트폰의 지도 앱은 GPS로 위치 정보를 파악하는 거란다. 그걸 지도 데이터와 결합시켜 자신이 어디에 있는지를 표시해 주는 거지.

GPS는 미국의 위성이에요

GPS(Global Positioning System)는 인공위성을 사용해 자신의 위치를 파악하는 시스템입니다. 원래는 미국에서 군사 목적으로 쏘아 올린 것이지만 이후 민간 이용도 개방되었습니다. 사실 GPS란 단어는 미국의 위치 측정 위성을 가리키는 고유명사입니다. 이와 같은 시스템은 러시아, 중국, EU에서도 보유하고 있으며 한국에서도 2034년 서비스를 목표로 한국형 위성 항법 시스템(KPS)을 준비 중입니다. 한국은 현재 미국의 위성을 기반으로 위치 측정 서비스를 제공하기 때문에 GPS라는 명칭을 흔히 사용하지만, 위치 측정 위성 시스템의 총칭은 'GNSS(전 지구 측위 시스템)'이라고 합니다.

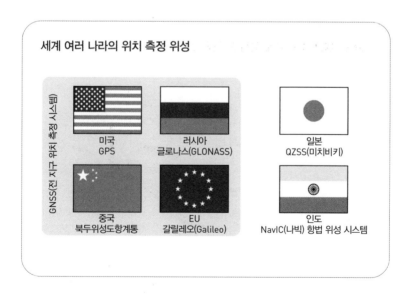

세계 여러 나라의 위치 측정 위성

GNSS(전 지구 위치 측정 시스템)

미국
GPS

러시아
글로나스(GLONASS)

일본
QZSS(미치비키)

중국
북두위성도항계통

EU
갈릴레오(Galileo)

인도
NavIC(나빅) 항법 위성 시스템

3대의 위성을 통해 측정한 거리로 현재 있는 위치를 계산해요

GPS 위성은 약 30기 정도가 있는데, 지구 상공 20,200km의 궤도를 빙 돌면서 끊임없이 지구에 전파를 발신하고 있습니다. 여기에는 '자신(위성)의 현재 위치'와 '전파 발신 시간'만 기록됩니다. 스마트폰이나 자동차의 내비게이션 등의 GPS 단말기는 그 정보를 수신하여 현재 위치를 계산합니다.

좀 더 자세히 설명하자면, 전파가 이동하는 속도는 1초에 약 30만 km로 일정합니다. 그러므로 전파의 발신 시간과 단말기의 수신 시간의 차이를 알면 발신지에서 단말기까지의 거리를 산출할 수 있는 것이지요.

예를 들면, 위성에서 12:00:00(12시 00분 00초)에 발신된 전파가 단

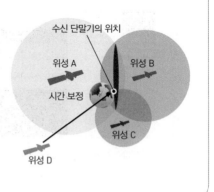

GPS는 위성 3대+1대로 위치를 측정해요

위성 A · B · C가 전파를 발신한 시간과 단말기가 전파를 수신한 시간의 차이를 분석해서 각각의 위성까지의 거리를 계산할 수 있습니다. 이 세 원주의 교차점이 단말기의 현재 위치입니다. 그리고 위성 D는 시간을 보정하는 역할을 합니다.

수신 단말기의 위치

위성 A

위성 B

시간 보정

위성 C

위성 D

말기에 12:00:01(12시 00분 01초)에 도착했다고 가정해봅시다. 위성에서 단말기까지 1초가 걸렸으므로 단말기는 위성을 중심으로 반경 30만 km의 원주상의 어딘가에 있다는 것을 알 수 있습니다. 그러나, 원주상의 어느 지점인지까지는 알 수 없지요. 그렇기 때문에 위성 3대에서 수신하는 정보를 합쳐서 수신 장소를 한 군데로 특정 짓습니다. 3대의 위성에서 측정된 거리에 있는 원주가 교차하는 점이 현재 위치인 것입니다.

다양한 오차를 보정하여 실용화하고 있어요

원리는 그렇다 하더라도, 초속 30만 km라는 초고속의 단위이기 때문에 시계가 0.1초만 어긋나도 3만 km나 되는 오차가 발생하게 됩니다. 위성에는 원자시계라고 하는 정밀도가 높은 시계를 사용하기 때문에 문제가 없지만, 단말기에는 일반적인 시계가 사용되기 때문에 오차가 발생한다 해도 이상하지 않지요. 그래서 실제로는 네 번째 위성의 정보를 통해서 시간의 어긋남을 보정하면서 위치를 계산합니다. 현실적으로는 전리층(電離層, 전리권 안에서 이온 밀도가 비교적 큰 부분)이나 날씨, 장애물의 영향 등 다양한 요소 때문에 전파가 초속 30만 km로 이동하지 못할 때도 있습니다. 그런 오차들을 휴대폰 기지국이나 와이파이 같은 지상의 통신 시스템으로 보정하면서 실용화하고 있는 단계입니다.

앞으로 5G 통신망과의 연계가 더욱 발전하면 몇 cm 정도의 오차만으로 위치를 측정할 수 있게 될 것입니다.

USB 메모리에 데이터를 어떻게 보존하는 걸까요?

컴퓨터 하드디스크에 데이터를 저장하면 '드르륵드르륵' 하는 소리가 나는데, 스마트폰에 데이터를 저장할 때는 아무 소리가 안 나잖아요. 왜 다른 걸까요?

하드디스크는 물리적으로 기록하는 것이기 때문에 소리가 나는 거야. 스마트폰의 저장 장치는 플래시 메모리라서 전자의 이동으로 데이터를 기록하니까 소리가 나지 않는 거고.

USB 메모리나 SD카드도 플래시 메모리인 거군요. 장점이 많으니까 다양한 곳에서 사용되고 있는 거겠죠.

플래시 메모리는 전자 이동으로 기록을 해요

　크기가 작고, 충격에 강하고, 기록 속도가 빠르고, 전원을 꺼도 데이터가 날아가지 않는 등 다양한 장점이 있기 때문에, 기록 매체 중에서 최근에 대표적으로 사용되는 것이 플래시 메모리입니다. USB 메모리나 SD카드, SSD에 사용되는 경우 외에도 스마트폰이나 카메라, 음악 플레이어 등의 다양한 가전제품에 들어 있습니다.
플래시 메모리와 하드디스크, DVD와 같은 디스크의 크기가 다른 이유는 데이터를 쓰는 방식 때문입니다. 예를 들어 하드디스크는 자기 헤드 등의 장치가 물리적으로 움직이면서 데이터를 기록하지만, 플래시 메모리는 전자의 이동을 통해 읽고 쓸 수 있습니다.

'1'은 전류가 흐르기 쉽고, '0'은 전류가 흐르기 어려워요

　플래시 메모리의 구조를 위쪽에서 내려다보면 위의 그림처럼 '셀'이라고 불리는 방이 연속해서배치되어 있습니다. 플래시 메모리를 옆에서 살펴보면 다음 페이지의 그림과 같은 모양이 됩니다. 플로팅 게이트에 전자를 모으기도 하고 빼내기도 하면서 데이터를 기록하거나 지울 수 있습니다.
디지털 기기는 모든 데이터를 '0'과 '1'로 구별하며, 플래시 메모리는 각 셀 별로 소스에서 드레인으로 실리콘 기판 내에 전류를 흘려보내고, 그 흐름의 정도로 0과 1을 구별합니다. 초기 상태의 실리콘 기판에는 전자가 많이 들어 있기 때문에 소스에서 드레인으로 전류가 흐르기 쉬운 상태입니다. 플래시 메모리는 이 상태를 '1'이라고 인식합

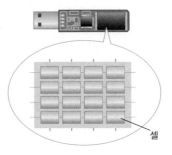

플래시 메모리 내부를 확대해보면

셀

플래시 메모리는 '셀' 이라고 불리는 작은 방이 무수히 모여 있는 구조입니다.
이 방에 '0'과 '1' 중 하나를 기록해서 디지털 방식으로 데이터를 기록합니다.

니다. 즉, '1'이라는 데이터를 기록하려 할 때는 아무것도 하지 않는 것이지요.

'0'을 기록하려 할 때는 실리콘 기판 측에서 전압을 걸어 전자를 플로팅 게이트로 이동시킵니다. 터널 산화막은 원래 절연체이지만, 전압을 가했을 때는 전자가 통과할 수 있습니다. 그리고 컨트롤 게이트 또한 절연체이기 때문에 플로팅 게이트에 보내진 전자를 가둘 수 있습니다.

전자가 플로팅 게이트로 이동하고, 실리콘 기판 내의 전자가 감소하면 실리콘 기판에는 전류가 흐르기 어려워집니다. 이 상태를 플래시 메모리는 '0'이라고 인식합니다. 데이터를 제거할 때는 컨트롤 게이트 쪽에서 전압을 가해 플로팅 게이트의 전자를 실리콘 기판으로 돌려보내 '1'의 상태로 되돌립니다.

크기를 작게 유지하면서 대용량화를 실현했어요

이 쓰기 방식은 절연체로 인해 전자가 셀 내부에 갇히기 때문에, 전원을 꺼도 데이터가 사라지지 않는다는 커다란 장점이 있습니다. 한편, 기억 용량을 늘리려면 셀의 수를 늘려야 하기 때문에 크기를 작게 유지하면서도 하드 디스크처럼 용량이 큰 것을 만들기에는 어려움이 있었습니다.

그러나 최근에는 플로팅 게이트 내의 전자를 조금 더 세밀하게 검지하여 각각의 셀의 용량을 늘린 것이나 셀을 입체적으로 겹쳐 쌓는 방식, 다시 말해 단층 집을 고층 아파트로 만드는 방식을 통해 대용량화를 실현하고 있습니다.

셀 내에 데이터를 기록하는 원리

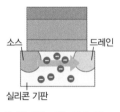

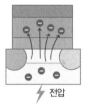

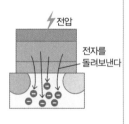

① 실리콘 기판 내에 전자가 많이 있고, 소스에서 드레인으로 전류가 흐르기 쉬운 상태입니다. 컴퓨터는 이 상태를 '1'이라고 인식합니다.

② '0'이라고 인식시키고 싶은 경우에는 실리콘 기판에 전압을 가해 전자를 플로팅 게이트로 이동시켜서 전류가 흐르기 어렵게 만듭니다. 전류가 흐르기 쉬운 정도를 통해 '0'과 '1'을 식별합니다.

③ 데이터를 삭제할 경우에는 '0'이라고 기록한 셀의 전자의 반대편에서 전압을 가해 원래 위치로 돌려보냅니다. '1'을 기록한 셀에는 아무것도 하지 않습니다.

04

QR 코드의 무늬에는
어떤 정보가 입력되어 있나요?

이번에 콘서트장에 갔는데 입장할 때 티켓에 있는 사각형 무늬를 기계에 갖다 대더라고요. 뭘 읽어 들였던 걸까요?

그건 2차원 코드라고 하는 건데, 마트 계산대에서 삑 소리를 내며 읽어 들이는 바코드가 좀 더 발전한 거란다. 콘서트에 오는 관객들의 정보를 기록해 둔 거지.

그렇군요. 줄무늬처럼 생긴 모양의 바코드랑은 많이 다른 것 같은데, 어떤 원리인 걸까요?

2차원 코드는 바코드가 발전된 형태예요

정사각형 틀에 흰색과 검은색으로 그려져 있는 신기한 반점 같은 무늬에 스마트폰 카메라를 가져다 대면 홈페이지에 접속할 수도 있고, 계산대에서 결제를 할 때 사용할 수도 있습니다. 아마 정말 다양한 곳에서 이 무늬를 발견할 수 있었을 거예요.

'QR 코드'라는 명칭이 익숙할 텐데요, 사실 이 명칭은 덴소 웨이브라고 하는 산업기기 회사가 등록한 상표이고, 정식 명칭은 '2차원 코드(또는 2차원 바코드)'라고 합니다. 물건을 살 때 계산대에서 읽어 들이는 바코드를 개량한 것이지요.

원래 바코드는 가격이나 재고 등 상품의 정보를 관리하기 위해 물류업계에서 만든 것입니다. 굵기가 다른 바에 0~9까지의 숫자가 할당되어 있고, 흑백의 무늬를 읽어 들이면 상품 정보를 불러올 수 있습

2차원 코드에는 담을 수 있는 정보의 양이 수백 배로 증가했어요

1차원 바코드

123456 789012

가로 방향으로만 데이터를 기록할 수 있다

2차원 바코드

가로, 세로 두 방향으로 데이터를 기록할 수 있다

1차원 바코드에는 숫자만 입력할 수 있습니다. 그러나 2차원 바코드에는 숫자나 알파벳, 히라가나, 한자 등의 정보를 입력할 수 있기 때문에 이름이나 주소, URL 등도 입력할 수 있습니다.

니다. 그러나 점차 필요로 하는 상품 정보가 증가하면서, 가로방향으로 숫자밖에 표현할 수 없는 바코드로는 한계가 있었지요.

그래서 개발된 것이 2차원 코드입니다. 바 형태가 아니라 도트 형태이기 때문에 가로·세로 두 방향으로 정보를 저장할 수 있어서 저장 정보량이 수백 배로 증가했습니다. 숫자만 사용하면 최대 7,089자이고 영어와 숫자를 조합하면 4,296자, 한자로도 1,817자의 정보를 기록할 수 있으며, 순간적으로 읽어들일 수 있어서 아주 편리하기 때문에 지금은 물류 업계 이외에도 일상생활의 다양한 곳에서 사용되고 있습니다.

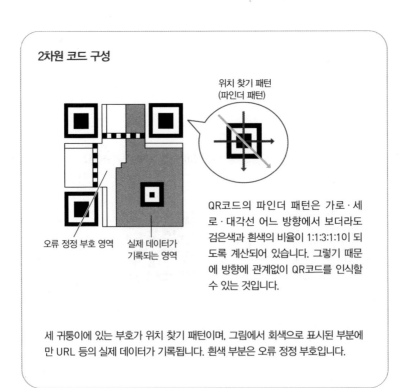

2차원 코드 구성

위치 찾기 패턴
(파인더 패턴)

QR코드의 파인더 패턴은 가로·세로·대각선 어느 방향에서 보더라도 검은색과 흰색의 비율이 1:1:3:1:1이 되도록 계산되어 있습니다. 그렇기 때문에 방향에 관계없이 QR코드를 인식할 수 있는 것입니다.

오류 정정 부호 영역   실제 데이터가 기록되는 영역

세 귀퉁이에 있는 부호가 위치 찾기 패턴이며, 그림에서 회색으로 표시된 부분에만 URL 등의 실제 데이터가 기록됩니다. 흰색 부분은 오류 정정 부호입니다.

안정성을 위한 데이터가 거의 대부분을 차지해요

　기본적으로는 흑과 백의 점들이 '0'과 '1'을 나타내며 이진수로 문자를 할당하는데, 곳곳에 다양한 아이디어들이 적용되어 있습니다. QR코드의 특징은 세 곳의 귀퉁이에 이중의 정사각형 모양이 있다는 것입니다. 이 모양은 '위치 찾기 심볼(파인더 패턴)'이라고 하며, '여기에 2차원 코드가 있다'는 정보를 알리는 마크입니다. 가로·세로·대각선 어느 방향에서든 코드를 인식할 수 있다는 것이 뛰어난 점입니다.

판독기는 위치 찾기 패턴을 감지한 후, 그 주변에 분포된 모양을 가지고 판독을 시작합니다. 그렇지만 실제 데이터는 코드의 우측 부분에만 기록되고 왼쪽 절반에는 '오류 정정 부호'가 기록되어 있습니다. 이것은 코드가 오염되거나 일부분이 파손되어서 잘 보이지 않을 때 데이터를 복원하기 위한 부호입니다.

또한 2차원 바코드의 실제 데이터와 정정 부호는 이진수의 법칙에 따라 만들어지기 때문에 우연히 위치 찾기 패턴과 비슷한 모양이 만들어지거나, 모양이 흰색과 검은색 중 한 가지에만 치우칠 수도 있습니다. 그러면 오작동이 일어날 가능성이 있기 때문에 특정한 규칙에 따라 흰색과 검은색을 반전시켜서 모양이 치우친 것을 수정하는 기능도 있습니다. 이것을 '마스크'라고 하며, 판독기 측에 마스크를 씌운 것을 알리는 부호가 2차원 코드 내부에 기록됩니다.

QR코드의 도트 무늬는 단순히 홈페이지의 URL 등을 흰색과 검은색으로 변환한 것뿐만이 아니라 '훼손된 코드를 복원하는 규칙'이나 '판독 규칙' 등 안정성을 고려한 이중삼중의 대비책이 포함되어 있는 것이지요.

04

얼굴 인식 기능은 어떻게
본인의 얼굴을 구분하는 걸까요?

얼굴 인식 기능을 점점 더 많은 곳에서 활용하는 것 같아. 스마트폰 잠금을 해제할 때도 사용하고, 해외여행 갈 때 출입국 관리소에서도 활용하고 있지.

경찰들이 방범 카메라를 수사할 때도 도움이 된다는 이야기를 들은 적이 있어요. 그런데 어떻게 사람의 얼굴을 구분해 내는 걸까요?

사람의 얼굴에는 눈과 눈 사이의 거리나 코의 폭, 얼굴 골격과 같은 '특징'이 있어. 그런 특징이 일치하는지를 대조하는 거란다.

얼굴 형태를 컴퓨터에 입력해요

미리 등록해 둔 자신의 얼굴과 앞에 있는 사람의 얼굴을 비교해서 일치하는지를 구분하는 '얼굴 인식 기능'에는 두 가지 단계가 있습니다. 첫 단계는 화상에서 얼굴에 해당하는 부분을 검출하는 것입니다. 컴퓨터는 화상 데이터를 단순히 점의 집합체로 인식하기 때문에 얼굴인지, 신체인지, 배경인지를 구별할 수 없습니다. 그렇기 때문에 우선 어디부터 어디까지가 얼굴인지를 식별해야만 하는 것이지요.

이 식별 방법은 거의 중노동에 가깝습니다. 컴퓨터에 얼굴 사진과 함께 '여기서부터 여기까지가 얼굴'이라는 정보를 입력해야 합니다. 그러면 컴퓨터는 도트가 배열된 법칙을 찾아내고, 점차 '이런 패턴이

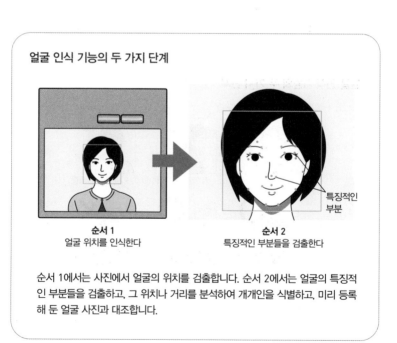

얼굴 인식 기능의 두 가지 단계

순서 1
얼굴 위치를 인식한다

순서 2
특징적인 부분들을 검출한다

특징적인
부분

순서 1에서는 사진에서 얼굴의 위치를 검출합니다. 순서 2에서는 얼굴의 특징적인 부분들을 검출하고, 그 위치나 거리를 분석하여 개개인을 식별하고, 미리 등록해 둔 얼굴 사진과 대조합니다.

있는 것이 얼굴이다'라고 인식하게 됩니다. 수천 장, 수만 장, 수십만 장……처럼 사진의 수를 늘릴수록 얼굴을 검출해내는 정확도가 향상됩니다.

얼굴의 특징적인 부분을 검출 해내요

두 번째 단계에서는 얼굴의 특징적인 부분을 검출합니다. 여기서 이야기하는 특징적인 부분이란, 사람의 눈과 눈 사이의 간격이나 코의 폭, 입이나 귀의 형태, 점의 위치 등 얼굴을 분간할 때 특징이 되는 부분을 의미합니다. 엄밀히 말하자면 컴퓨터는 얼굴을 보고 구분하는 것이 아니라 얼굴에 분포된 특징적인 부분의 위치나 거리가 일

얼굴 인식 기능의 두 가지 단계

① 옆얼굴 ② 머리 모양이 변화함

③ 체형이 변화함 ④ 안경을 씀 ⑤ 마스크를 착용함

얼굴 방향이나 머리 모양 등 대략적인 변화는 구별해낼 수 있지만, 마스크를 착용하거나 선글라스를 착용해서 얼굴이 반 이상 가려지면 인식하지 못할 수도 있습니다.

치한지 확인하는 것입니다.

개인을 인증하는 방법 중에 가장 정확한 것이 지문 인증인데, 지문 인증도 동일한 방법입니다. 지문에는 약 백 개의 특징적인 부분이 있고, 그중에서 열두 개가 일치하면 동일 인물이라고 간주합니다. 열두 개가 작다고 느낄 수도 있지만, 열두 개가 모두 일치할 확률은 1조 분의 1밖에 되지 않습니다.

얼굴 형태는 지문보다도 더 복잡한 모양이기 때문에 수백~수천 개의 특징적인 부분을 검출할 수 있습니다. 그러나, 모든 부분을 대조하려면 시간이 오래 걸리므로 실용성을 위해서 그중에서 50개 정도를 선별하여 대조합니다.

인공지능의 얼굴 인식 정확도는 더욱 발전할 거예요

얼굴 인식 기능의 정확도를 크게 좌우하는 중요한 포인트는 특징적인 부분을 검출하는 방법입니다. 실제로 얼굴 인식 기능을 사용할 경우, 얼굴 방향이 완전히 정면을 향하지 않을 수도 있고 옆얼굴을 인식하는 경우도 있습니다. 또한 그림자가 지는 방향이나, 머리 모양의 변화, 살이 빠지거나 찔 수도 있고 안경이나 마스크 등을 착용하는 등 불확실한 요소들이 다양하게 존재합니다.

이러한 어려움은 얼굴 패턴이나 특징적인 부분을 더 많이 입력하면 해결될 수 있는 문제이며, 인공지능(AI)의 기계 학습과 딥 러닝이 등장하면서 엄청난 속도로 개선되고 있습니다. 최근에는 얼굴을 3D로 인식하는 기술도 상용화되고 있어서 각도나 머리 모양이 약간 다른 정도는 구분할 수도 있습니다.

04

스텔스 전투기는 어떤 원리로 '보이지 않는'걸까요?

"

어때? 세계 최초의 스텔스 전투기 '나이트 호크' 의 조립 모형을 완성했단다. 멋있지 않니?

어쩐지 요즘에 계속 방에 틀어박혀 계시는 것 같더니…… 그런데 스텔스 전투기는 왜 '보이지 않는 비행기' 라고 불리는 건가요?

당연히 눈에 보이지 않게 투명해지는 건 아니란다. '보이지 않는다' 는 건 레이더로 포착하기 어렵다는 뜻이지.

"

스텔스 전투기는 적의 시야의 허점을 빠져나가요

　신문이나 뉴스에서 '스텔스 전투기'라는 단어를 자주 들어본 적이 있을 거예요. 스텔스 전투기란 '보이지 않는 전투기'라고 불리는데, 대체 어떤 비행기인 걸까요?

'스텔스'라는 단어의 의미는 '살며시' 또는 '은밀히'를 의미합니다. 단어의 뜻을 생각하면 닌자처럼 어둠에 녹아들며 숨거나 카멜레온처럼 배경과 동화하는 모습을 상상할 수도 있지만, 실제로는 그렇지 않습니다.

비행기 그중에서도 특히 전투기는 마하(시속 1,224km)를 초과하는 속도로 비행하기 때문에 눈으로 포착하고 나서 대응을 하기엔 늦습니다. 그렇기 때문에 레이더를 사용해서 광범위하게 탐색하여 미리 발견하는 것이 중요합니다. 스텔스 전투기는 레이더의 허점을 찔러 레이더가 발견하기 어렵게 만든 비행기입니다.

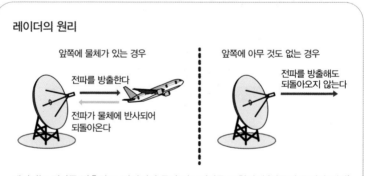

레이더의 원리

앞쪽에 물체가 있는 경우

전파를 방출한다

전파가 물체에 반사되어 되돌아온다

앞쪽에 아무 것도 없는 경우

전파를 방출해도 되돌아오지 않는다

레이더는 전파를 방출하고, 반사되어 돌아오는 전파를 포착하여 '앞쪽에 물체가 있다'고 판단합니다. 앞쪽에 물체가 있을 때는 전파가 되돌아오지만, 아무것도 없는 경우에는 되돌아오지 않습니다.

레이더는 전파를 반사시켜서 측정해요

우선 레이더의 동작 원리를 살펴봅시다. 레이더는 공중에 사방으로 전파를 방출하고, 물체에 부딪혀서 반사되어 되돌아오는 전파를 감지합니다. 레이더의 전파는 빛과 비슷한 성질을 가지고 있어서 초속 약 30만 km로 이동하며, 전파가 되돌아올 때까지의 시간을 계측하면 물체와의 거리를 계산할 수 있습니다. 그 이외에도 반사되어 되돌아온 전파를 해석하면 각도나 물체의 모양처럼 상세한 정보를 알 수 있습니다.

그럼 앞쪽에 아무 물체가 없다면 어떻게 될까요? 전파가 아무것에도 반사되지 않기 때문에 저 멀리 날아가 되돌아오지 않습니다. 방출한 전파가 되돌아오지 않으면 레이더는 '앞쪽에 물체가 없다'고 판단하지요.

스텔스기는 전파를 다른 방향으로 반사해요

다른 방향으로 반사

레이더에서 방출된 전파

스텔스기는 전파가 기체의 어느 부분에 닿든 간에 원래의 방향으로 돌아가지 않는 형상으로 제작되었습니다. 전파가 되돌아오지 않기 때문에 레이더는 '물체가 없다' 고 인식하게 됩니다.

스텔스 전투기에는 전파가 반사되어 되돌아오는 성질을 반대로 이용한 기술이 적용되어 있습니다. 기체에 전파가 접촉하더라도 전파를 발신한 곳으로 돌아가지 못하게 하여 전투기의 위치를 포착하기 어렵게 만드는 것입니다.

전파가 원래 방향으로 되돌아가지 않게 설계되었어요

전파는 평평한 면에 닿으면 원래의 방향으로 되돌아가지만, 경사가 져있는 면에 닿으면 난반사가 일어나서 엉뚱한 방향으로 날아갑니다. 그렇기 때문에 스텔스기는 어느 방향에서 봐도 평평한 면이 없는 구조로 만들어졌습니다. 동체의 측면이나 수직 수직 꼬리날개는 경사가 져있어서, 옆에서 방출된 전파의 반사 방향을 어긋나게 합니다. 또한 비행기 동체에서 좌우로 뻗은 주익이나 수평 꼬리날개의 각도가 정렬되어 있어서 전파의 반사 방향을 한정 지어, 전파가 원래의 방향으로 되돌아가지 않게 합니다. 그 외에도 엔진 부근에는 요철이 있게 도장을 하여 전파를 난반사시키거나, 전파를 흡수하는 재질을 사용해서 전파의 반사를 약하게 만드는 등 여러 가지 기술을 적용하고 있습니다. 조종석이 있는 콕피트(조종실) 창문은 투명해야 하기 때문에 전파가 들어올 수밖에 없는데, 스텔스기의 조종실 창문에는 철가루를 섞은 도료를 발라 전파를 교란시킵니다.

스텔스기가 모든 전파를 완전히 차단할 수 있는 것은 아닙니다. 하지만 레이더가 비행기라는 것을 파악할 정도로 강한 전파를 수신하지 못하기 때문에 사실 상대방에게는 '보이지 않는' 것입니다.

05

5장
-
우리 몸과 병의
신기한 과학

05 낮에는 활기차다가 왜 밤이 되면 졸릴까요?

게임을 하다 보니 벌써 시간이 이렇게 되었네요. 숙제를 해야 되는데, 너무 졸려서 안되겠어요. 왜 밤이 되면 졸리는 거죠?

밤이 되었을 때 졸리는 건 '체내시계'가 제대로 작동하고 있다는 증거이고, 몸이 건강하다는 뜻이란다.

낮에는 활기찬 것도 체내시계와 관련이 있는 걸까요? 사람 몸속에 시계가 있다니, 정말 신기한걸요.

밤이 되면 잠이 오는 원리는 무엇일까요?

　밤이 되면 자연스럽게 졸음이 밀려오고, 아침이 되면 눈이 떠집니다. 이건 자연의 섭리이지요. 사람뿐만 아니라 동물에게도 몸 안에 매일 시간의 리듬을 새기는 기능이 내재되어 있습니다. 이것을 체내시계라고 하며, 시간대에 따라 체온이나 혈압, 대사, 호르몬 분비 등을 변화시켜 몸의 컨디션을 조절합니다.

예를 들어 체내시계의 지시에 따라 밤에는 수면을 촉진하는 작용을 하여 '수면 호르몬'이라고도 불리는 멜라토닌이 대량으로 분비됩니다. 그리고 아침부터 활동해서 신체에 쌓였던 피로가 더해져 졸음이 오는 것입니다. 또한 고령자들은 아침 일찍 눈이 떠지거나 수면시간이 줄어든다고 하는데, 이것 역시 멜라토닌이 원인이라고 합니다. 나이가 들수록 멜라토닌 분비가 줄어든다는 것이 밝혀졌기 때문이지요.

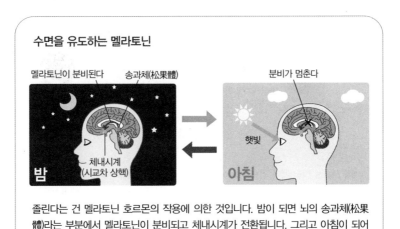

수면을 유도하는 멜라토닌

멜라토닌이 분비된다　　송과체(松果體)　　　　분비가 멈춘다

체내시계
(시교차 상핵)

밤　　　　　　　햇빛　　아침

졸린다는 건 멜라토닌 호르몬의 작용에 의한 것입니다. 밤이 되면 뇌의 송과체(松果體)라는 부분에서 멜라토닌이 분비되고 체내시계가 전환됩니다. 그리고 아침이 되어 햇볕을 쬐면 멜라토닌 분비가 중단됩니다.

체내시계를 조절하는 '시계 유전자'

　체내시계의 원리에 대해 좀 더 깊이 살펴봅시다. 2017년에 체내시계를 조절하는 '시계 유전자'를 발견한 미국의 과학자들이 노벨 생리학·의학상을 수상했습니다. 이 연구에 따르면 시계 유전자가 만들어내는 단백질이 일정량 이상 쌓이면, 이 단백질이 스스로의 생성을 억제하도록 시계 유전자에 작용하는 특성을 가지고 있습니다. 그 주기는 하루 단위로 반복이 되어 체내시계가 안정적으로 기능한다는 것이 밝혀졌습니다.

또한 체내시계는 하나만 있는 것이 아니라 모든 장기에 각각 존재한다는 것도 명확해졌습니다. 그 중심에 있는, 소위 표준시가 되는 것

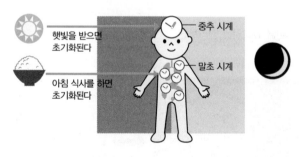

체내시계가 초기화되는 순환 과정

햇빛을 받으면 초기화된다

아침 식사를 하면 초기화된다

중추 시계

말초 시계

체내 시계는 여러 개가 있으며, 뇌에 있는 '중추 시계'가 장기 등에 존재하는 '말초 시계'의 시각을 조정합니다. 중추 시계는 아침에 햇빛을 받으면 초기화되고, 말초 시계는 식사를 하면 초기화됩니다.

체내시계가 어긋나면 밤에 졸리지 않게 됩니다.

이 뇌에 있는 '중추 시계'입니다. 그 이외의 시계는 '말초 시계'라고 불립니다. 중추 시계와 말초 시계는 제각기 신경 등을 통해 정보를 주고받으며, 이 둘의 시간이 일치하는 것이 이상적인 상태입니다.

그런데, 체내시계의 정확한 주기는 24시간보다 몇 십 분 정도 더 길게 설정되어 있습니다. 이 상태대로라면 시간이 계속 밀려 버리기 때문에 매일 '초기화'를 해야 합니다.

중추 시계는 빛에 의해 초기화되며 잠에서 깬 후에 햇빛 등을 쬐게 되면 24시간의 주기를 회복합니다. 한편, 말초 시계는 아침 식사를 하면 초기화됩니다. 그렇기 때문에 아침 식사를 거르면 중추 시계와 말초 시계가 움직이는 주기가 어긋나게 되고, 체내에서는 마치 '시차'에 적응하기 위해 힘든 것 같은 상태가 됩니다. 다른 말로 몸의 컨디션이 나빠진다고 하는 것이지요.

체내시계를 바로잡아 신체의 컨디션과 건강을 유지해요

밤샘이나 불규칙한 생활에 의해서도 체내시계가 흐트러집니다. 그렇게 되면 잠이 오지 않거나 일이나 공부에 집중을 하지 못하게 되기도 하고, 운동을 할 때 능률이 저하되는 등 이로운 점이 하나도 없습니다.

그리고 체내시계가 흐트러지면 수면 장애와 당뇨병, 암 등 각종 질환의 원인이 된다고도 합니다. 몸과 마음 모두 건강한 상태를 유지하기 위해서는 '일찍 자고, 일찍 일어나고, 아침 식사를 하는 것'과 같은 규칙적인 생활의 중요성을 명심하면서 체내시계의 리듬을 유지하는 것이 중요합니다.

05

차가운 걸 갑자기 먹으면
왜 머리가 지끈지끈 아플까요?

아이스크림 너무 좋아요! 잘 먹겠습니다~!

이런, 그렇게 서둘러 먹으면 안 좋을 텐데……

아야야야야, 머리가 쪼개지는 것처럼 아파요!!

그러게 내가 뭐랬니. 그건 '아이스크림 두통'
이라는 건데, 뇌가 착각을 일으켜서 …… 이런,
설명을 하고 있을 때가 아닌 것 같네.

정식 명칭은 '아이스크림 두통'이에요

　더운 계절이 되면 빙수나 아이스크림을 먹고 싶어지지요. 입안에서 시원하게 녹으면서 정말 행복한 기분이 들게 해주지만, 차가운 것을 갑자기 많이 먹으면 머리가 '지끈'하면서 아프지요!! 그런 정체 모를 두통에 갑자기 시달린 경험을 한 적이 있는 사람들이 꽤 많을 거예요. 사람마다 두통의 강도에는 차이가 있지만, 시간이 조금만 지나면 괜찮아지기 때문에 그다지 심각하게 생각하지 않은 사람도 많을 것입니다. 그런데, 사실 그 통증에는 '아이스크림 두통(Ice-cream headache)'이라는 어엿한 정식 의학 명칭이 있습니다.

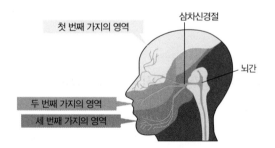

얼굴의 감각을 뇌에 전달하는 삼차신경

첫 번째 가지의 영역

삼차신경절

뇌간

두 번째 가지의 영역

세 번째 가지의 영역

삼차신경은 '차갑다' '아프다' '무엇인가가 접촉했다' 등의 얼굴의 감각을 뇌에 전달합니다. 이마, 뺨, 턱의 세 갈래로 갈라져 있으며 목구멍 부근으로도 지나갑니다.

두뇌의 착각과 혈류의 팽창이 주요 원인이라고요?

아이스크림 두통이 발생하는 원인이 완전히 밝혀지지는 않았지만, 두 가지 유력한 가설이 있습니다.

첫 번째 가설은 우리 뇌가 착각을 일으킨다는 것입니다. 일반적으로 아이스크림처럼 온도가 낮은 물체가 목구멍을 통과하면 목 부근에 있는 삼차신경(三叉神經, trigeminal nerve)이 자극을 받습니다. 이 삼차 신경은 '차갑다(뜨겁다)' '아프다' '무엇인가가 접촉했다' 등등 얼굴이 느끼는 감각을 뇌에 전달합니다. 그런데 '차갑다'라는 자극이 너무 강하면 신경이 혼선을 일으켜 '아프다'라는 신호까지도 뇌에 전달해 버리는 것이지요. 그 결과 두통이 발생한다는 가설입니다.

또 하나의 가설은 혈관의 팽창을 원인으로 꼽습니다. 차가운 것을 먹으면 입 안이나 목구멍의 온도가 급격히 내려갑니다. 그러면 몸의 방어 반응이 작용하여 혈류량을 일시적으로 증가시켜 온도를 높이려고 합니다. 그때 머리에 연결되어 있는 혈관이 순간적으로 팽창하면서

아이스크림 두통의 원인은 두 가지로 추정할 수 있어요

가설 ②
머리에 연결되어 있는 혈관이 팽창하여 통증이 발생합니다

가설 ①
목구멍 근처에 있는 삼차신경이 '차갑다'라는 느낌과 '아프다'라는 느낌을 혼동하여, 뇌에 '아프다'는 신호를 전달합니다

가벼운 염증이 생겨 통증이 발생한다는 것입니다.

어느 가설이든 간에 충분히 설득력이 있습니다. 최근에는 이 두 가지가 모두 옳다고 하기도 하고, 혹은 이 두 현상이 동시에 발생하고 있다는 견해에 무게가 실리고 있습니다.

어떻게 하면 아이스크림 두통을 피할 수 있을까요?

아이스크림 두통의 통증은 약 5분 이상 지속되지 않으며, 신체에 해를 입히지는 않습니다. 그렇다고는 하지만, 통증이 발생하면 제법 고통스럽기 때문에 피할 수 있다면 피하는 것이 좋겠지요.

아이스크림 두통을 예방하는 방법은 아주 간단합니다. 빙수나 아이스크림 등을 먹을 때 조금씩 천천히 먹으면 됩니다. 이렇게 하면 입안에서 얼음이 천천히 녹기 때문에 목구멍이 차가워지지 않게 되므로 신경에 자극을 주거나 혈관이 팽창하지 않습니다.

또한 녹차 등 따뜻한 음료와 번갈아 먹으면 입안의 온도가 낮아지지 않기 때문에 두통이 잘 일어나지 않는다고 합니다. 그리고 일단 아이스크림 두통이 발생하게 되면, 혀를 입천장 쪽으로 눌러서 혈관을 따뜻하게 데워주면 증상을 완화하는 데 도움이 된다고 합니다.

천천히 먹으면 아이스크림의 맛도 더욱 즐길 수 있으니 일석이조가 아닐까요?

05

모기가 물 때는
왜 아프지 않은 걸까요?

이상하게 가렵다고 생각했는데 피부가 뽈록 부어올라 있어요. 모기에 물린 것 같네요. 물린 줄도 몰랐는데 말이에요.

모기의 침은 찔린 대상이 알아차리지 못하게 하는 정말 독특한 구조로 만들어져 있단다. 그 구조를 참고로 한 주삿바늘도 있을 정도야.

모기 침은 정말 신기해요. 피부를 뚫고 들어와도 전혀 아프지 않은걸요. 그런 구조로 만들어진 주삿바늘이라면 주사를 싫어하는 저도 잘 맞을 수 있을 것 같아요.

모기 바늘은 여섯 개가 한 다발로 구성되어 있어요

　바다와 산, 공원 등 여름에 야외활동을 즐기는 건 정말 즐거운 일이지만 야외에 오랜 시간 있을 때는 벌레에 물리지 않게 주의해야 하지요. 그중에서도 모기는 특히 소리도 없이 나타나서 알지도 못하는 사이에 피부를 뚫고 피를 빨곤 하는 매우 위험한 벌레입니다. 물리고 나면 가려워서 괴롭기도 하지요.

게다가 모기가 진짜로 무서운 이유는 병원균을 옮기기 때문입니다. 사람을 물었을 때 병원균이나 전염병을 옮기는 매개체가 되는 것이지요. 한국에서도 몇 년 전에 뎅기열에 감염된 사례가 보고되어 경각심을 일깨워 주었죠.

모기에 물렸을 때 알아차리기 힘든 이유 중 하나는 피를 빠는 침이 매우 가늘기 때문입니다. 침의 직경은 0.08mm 정도인데, 사람의 머리카락의 굵기가 0.1mm 정도이므로 얼마나 가느다란지 짐작할 수 있겠지요. 그리고 침의 구조도 정말 놀랍습니다. 얼핏 보면 침이 하

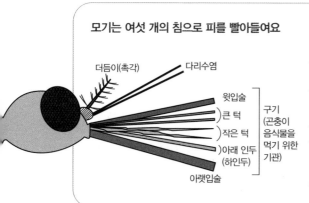

모기는 여섯 개의 침으로 피를 빨아들여요

더듬이(촉각)
다리수염
윗입술
큰 턱
작은 턱
아래 인두 (하인두)
아랫입술
구기 (곤충이 음식물을 먹기 위한 기관)

모기의 침은 한 개처럼 보이지만 실제로는 관 형태의 아랫입술 안에 여섯 개의 침이 들어 있습니다. 톱 모양의 작은 턱으로 피부를 찢은 다음, 큰 턱으로 상처 부위를 벌리면서 아래 인두로 타액(마취제)을 흘려 넣은 다음 윗입술로 피를 빨아들입니다.

나인 것처럼 보이지만 실제로는 아주 미세한 여섯 개의 침이 다발이 되어 관 하나에 수납되어 있는 형태입니다. 즉, 모기의 구기는 관을 포함해 일곱 개의 부위로 구성되어 있습니다.

모기에 물렸을 때 가려운 이유는 타액으로 인한 알레르기 반응 때문이에요

　모기는 여섯 개의 침을 능숙하게 사용해 피를 빨아들입니다. 가장 먼저 톱날과 비슷한 모양의 '작은 턱'의 두 개의 날을 톱처럼 진동시키면서 피부를 찢고 침을 밀어 넣습니다. 이 침의 끝은 너무 가늘기

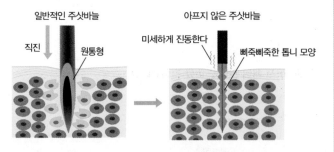

모기의 침을 본떠서 만들어진 '아프지 않은' 주삿바늘

일반적인 주삿바늘

직진　원통형

아프지 않은 주삿바늘

미세하게 진동한다　삐죽삐죽한 톱니 모양

일반적인 주삿바늘은 원통 모양입니다. 그런 주삿바늘은 찌를 때의 저항이 크고, 피부에 접촉하는 면적이 넓어서 통증을 느끼게 됩니다. 반면, 모기의 침을 본떠서 만든 주삿바늘은 옆면이 삐죽삐죽한 톱니 모양이며 찌를 때 가볍게 진동하는 것이 특징입니다. 적은 힘으로도 바늘을 찌를 수 있고, 찔렀을 때 접촉하는 면적이 작기 때문에 아픔을 느끼지 않을 수 있습니다.

때문에 찔려도 통증을 느끼지 않습니다. 그러고 나서 '큰 턱'이라는 한 쌍의 침을 사용해 찢어낸 부위를 누르면서 두꺼운 침(윗입술)을 밀어 넣고, 모세혈관에서 피를 빨아올리는 것이지요.

이때 윗입술과 함께 '아래 인두'의 침을 찌릅니다. 아래 인두의 침을 통해 모기의 타액이 주입되는데, 모기의 타액에는 혈액 응고 억제제가 포함되어 있어서 피가 굳어지지 않게 합니다. 그리고 침을 찔렀을 때 통증을 잘 느끼지 못하게 하기 위한 마취 물질도 들어있습니다.

우리가 모기에 물렸을 때 가려움을 느끼는 이유는 물린 후 시간이 지나면서 모기의 타액에 알레르기 반응이 나타나기 때문입니다.

모기의 침에서 힌트를 얻어 '아프지 않은' 주삿바늘이 만들어졌어요

모기는 정말 미운 존재이지만 사람의 피를 빠는 원리의 치밀함에는 놀라지 않을 수 없습니다. 그래서 실제로 모기의 침에서 힌트를 얻은 채혈 바늘이 개발되었습니다.

이 채혈 바늘의 직경은 0.1mm 이하입니다. 약물을 주입하는 침과 두 개의 톱니 모양의 침을 포함해 총 세 개의 침으로 구성되어 있으며 침 세 개가 연동하면서 피부를 쑥 뚫습니다. 피부에 침을 찌를 때 피부가 톱니의 삐죽삐죽한 부분에만 접촉하기 때문에 세포에 가해지는 손상도 최소한으로 줄일 수 있습니다. 그렇기 때문에 바늘을 찔러도 '아프지 않은' 것이지요.

아프지 않은 주삿바늘은 이미 의료기관에서 당뇨병 환자나 어린아이들을 위해서 실제로 사용되고 있습니다.

05

추울 때나 무서울 때 소름이 돋는 이유는 무엇일까요?

아이돌 콘서트에 다녀왔어요! 너무너무 좋아서 계속 소름이 돋던걸요! 그런데 왜 음악을 듣고 소름이 돋았을까요?

그건 말이지, 추울 때뿐만 아니라 무서울 때나 감동을 받았을 때에도 닭살이 돋는단다. 이건 인간이 원숭이처럼 털이 수북했을 때의 흔적이야.

소름이 오돌토돌하게 돋는 것은 모공 주변이 부풀어 오르는 거예요

추울 때뿐만 아니라 공포를 느끼거나 흥분했을 때에도 소름(닭살)이 돋습니다. 괴담 등 무서운 이야기를 들을 때 오싹한 느낌이 드는 것을 '온몸의 털이 쭈뼛 선다'라고도 표현하는데요, 말 그대로 닭살이 솟아오르는 모양을 나타낸 것입니다.

소름이 돋는 원리는 기본적으로 어떤 상황이든 동일합니다. 사람의 피부에는 체모가 돋아나 있는데 체모 한 가닥 한 가닥의 뿌리 부근에는 '입모근(立毛筋)'이라는 근육이 있습니다. 바로 이 입모근이 닭살을 만들어냅니다.

입모근은 자신의 의지로는 움직일 수 없습니다. 자율신경의 하나인 '교감신경'이 자극을 받으면 반사적으로 수축하면서 모공을 닫는데,

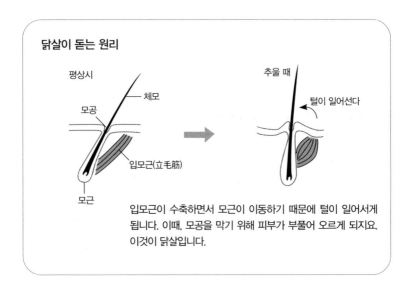

닭살이 돋는 원리

평상시

체모

모공

입모근(立毛筋)

모근

추울 때

털이 일어선다

입모근이 수축하면서 모근이 이동하기 때문에 털이 일어서게 됩니다. 이때, 모공을 막기 위해 피부가 부풀어 오르게 되지요. 이것이 닭살입니다.

이때 보통 대각선으로 자라나 있던 체모가 일어서면서 그와 동시에 모공 주변이 작게 부풀어 오릅니다. 피부가 이렇게 작게 부풀어 오르는 것이 바로 오돌토돌한 닭살의 정체인 것이지요.

'교감신경'이 긴장하면 닭살이 돋아요

교감신경은 추위나 공포, 긴장과 같은 자극을 받으면 작용합니다. 추운 곳에 있을 때 소름이 돋는 것은 '춥다'는 자극을 받은 교감신경의 방어 반응에 의한 것입니다. 입모근이 반사적으로 수축해서 모공을 닫아서 몸 내부의 열을 빼앗기지 않으려고 하는 것입니다.

또한 우리가 공포나 긴장감을 느꼈을 때 소름이 돋는 것은 인류가 진화하기 전, 원숭이처럼 체모가 많았을 때의 흔적이라고 합니다. 전신의 체모를 거꾸로 세워 자신의 몸을 더욱 크게 보이게 해서 적을 위협하려고 한 것이지요. 지금도 고양이처럼 털이 긴 동물은 화가 나거나 흥분했을 때 털을 거꾸로 세웁니다. 바로 이와 같은 원리이지요.

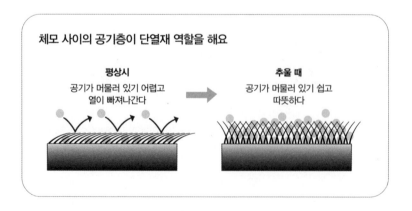

체모 사이의 공기층이 단열재 역할을 해요

평상시
공기가 머물러 있기 어렵고
열이 빠져나간다

추울 때
공기가 머물러 있기 쉽고
따뜻하다

한편, 최근에는 '소름 돋는 연주'라는 표현처럼 감동을 받았을 때도 소름이 돋는다는 표현을 사용합니다. 그러나 실제로는 감동을 느끼는 것과 소름이 돋는 것의 관계성이 과학적으로 밝혀지지는 않았습니다. 감동을 받아서 소름이 돋는 것도 추위나 공포와 마찬가지로 교감신경에 강한 자극이 가해지는 것이 원인이라고도 하지만, 모든 사람에게 발생하는 것은 아니라고 합니다.

진화를 하면서 도리어 장점을 잃어버렸다고 하네요?!

그렇다면 소름이 돋는 것에는 어떤 장점이 있는 걸까요? 사실 현대인에게는 도움이 되는 부분이 거의 없습니다.

인류가 털북숭이였을 때에는 거꾸로 솟은 체모를 통해 체온을 유지한다는 장점이 있었습니다. 털과 털 사이에 공기층이 생기기 때문에 열이 빠져나가는 것을 막아주지요. 기체는 액체나 고체보다 열전도율이 매우 낮으며, 움직이지 않는 공기는 성능이 아주 좋은 단열재 역할을 합니다. 털실로 만든 스웨터나 다운 점퍼, 깃털이 들어가 있는 이불 같은 것이 따뜻한 이유는 바로 이 때문입니다. 실제로 닭살이라는 표현에서 새를 떠올리게 되는데, 새들은 추울 때 깃털을 거꾸로 세워서 피부와 바깥공기 사이에 공기층을 만들어 체온이 빠져나가는 것을 막습니다.

지금은 사람이 진화하면서 체모가 옅어져 닭살로 인한 보온 효과는 거의 사라졌습니다. 그러나 닭살이라는 현상을 살펴보면서 인류의 진화의 흔적을 발견할 수 있다는 것이 재밌지 않나요?

05

혈액형은 왜 여러 종류가 있는 걸까요?

요전번에 아빠가 헌혈하러 갈 때 같이 따라갔어요. 아빠 혈액형은 O형이어서 다른 혈액형인 사람들에게도 수혈할 수 있대요.

O형인 사람의 혈액에는 A 항원과 B 항원이 모두 존재하기 때문에 가능한 거야. 그렇지만 같은 혈액형끼리 수혈하는 것이 철칙이니까, 일반적으로 병원에서는 수혈 전에 반드시 혈액형을 검사한단다.

그럼 아주 긴급한 상황에만 O형의 피를 다른 혈액형인 사람에게 수혈한다는 거군요. 그런데, 방금 말씀하신 A 항원이나 B 항원이라는 건 뭐예요?

혈액형을 발견한 건 의학 역사에서 대단히 중요한 일이에요

사람의 몸속에는 혈액이 흐르고 있고, 이 혈액은 산소나 호르몬, 영양분을 운반하는 등 생명을 유지하기 위해서는 필수불가결한 요소입니다. 인체 내의 혈액량은 체중의 약 13분의 1이라고 하는데, 혈액은 적혈구, 백혈구, 혈소판, 혈장으로 구성됩니다. 그리고 적혈구에 존재하는 '항원' 및 '항체'의 종류에 따라 혈액을 분류하는데, 이것을 혈액형이라고 합니다.

ABO 혈액형의 항원과 항체

혈액형	혈구의 항원	혈청 중의 항체	분포 비율(우리나라)
A	A	안티 B	약 34%
B	B	안티 A	약 27%
O	A도 B도 없음	안티 A와 안티 B	약 28%
AB	A와 B	안티 A도 안티 B도 없음	약 13%

혈액형을 A, B, O, AB의 네 가지로 분류하는 ABO 혈액형이 발견된 것은 1900년으로, 그다지 오래되지는 않았습니다. 이 발견은 의학의 발달에서는 대단히 중요한데, 서로 다른 혈액형의 혈액을 수혈(이형 수혈)하면 격렬한 부작용이 발생하고 최악의 경우에는 사망에 이를 수도 있기 때문입니다. 혈액형이 발견되기 전에는 수혈이 필요한 치료나 수술을 할 수 없었습니다. 그런데 혈액을 정확하게 분류하고, 같은 종류의 혈액을 사용해 안전하게 수혈할 수 있게 되면서 사람의 생명을 구할 확률이 높아졌지요.

ABO 혈액형은 항원과 항체로 분류해요

이미 잘 알고 있는 것처럼 혈액형은 부모에게서 유전되어 결정되는 것입니다. 가장 많이 사용되는 ABO 혈액형의 경우 적혈구와 혈청을 검사해서 혈액형을 판정합니다. 좀 복잡할 수 있지만, 정리해서 설명해보겠습니다.

우선, 적혈구의 표면에는 항원이라는 물질이 있습니다. A형에는 A 항원이 있고, B형에는 B 항원이 있으며, AB형에는 A 항원과 B 항원이 모두 있고, O형에는 두 항원 모두 존재하지 않습니다.

또한 혈청에는 자신의 몸 안에 존재하지 않는 특정한 항원에 반응을 하는 항체라는 물질이 있습니다. 예를 들면, A형인 사람은 B 항원에 반응하는 안티 B 항체를 가지고 있고, 반대로 B형인 사람은 A 항원에 반응하는 안티 A 항체를 가지고 있습니다. 그리고 O형인 사람은 안티 A와 안티 B 항체를 모두 가지고 있으며, AB형인 사람은 안티 A, 안티 B 항체를 모두 가지고 있지 않습니다. 이 내용을 정리한 것이 위의 표입니다.

수혈을 할 경우에는 Rh 혈액형도 중요해요

ABO 혈액형 분류와 함께 Rh 혈액형 분류도 사용합니다. 이것도 적혈구의 항원으로 분류하는 것인데, C, c, D, E, e 등의 항원이 있는지의 여부로 형을 분류합니다. 그중에서 D 항원이 있는 것을 Rh+, 없는 것을 Rh-라고 합니다. 한국인의 경우에는 Rh-의 비율이 낮은데, 200명 중에 1명 정도밖에 없습니다.

수혈을 할 경우 ABO 혈액형과 Rh 혈액형이 모두 중요합니다. 먼저 ABO 혈액형 중에서는 반드시 서로 동일한 혈액형을 선택합니다. 그리고 상대방이 Rh-인 경우에는 같은 ABO 혈액형이면서 Rh-인 혈액을 선택합니다. 실수로 다른 ABO 혈액형의 적혈구를 수혈받게 되면 그 적혈구는 파괴되고 부작용을 일으킬 가능성이 높습니다.

원칙적으로는 모든 혈액형이 다른 혈액형에게 피를 수혈할 수 없지만, O형만큼은 유일하게 A 항원과 B 항원을 모두 가지고 있지 않기 때문에 긴급한 상황에서는 수혈을 할 수 있습니다. 또한 Rh-인 사람에게는 Rh-의 혈액만 수혈할 수 있지만, Rh+인 사람에게는 Rh-의 혈액을 수혈해도 부작용이 없습니다.

부모와 자녀의 혈액형 조합 ○ : 가능성 있음 ╳ : 가능성 없음

어머니		O				A				B				AB			
아버지		O	A	B	AB	O	A	B	AB	O	A	B	AB	O	A	B	AB
자녀	O	○	○	○	╳	○	○	○	╳	○	○	○	╳	╳	╳	╳	╳
	A	╳	○	╳	○	○	○	○	○	╳	○	╳	○	○	○	○	○
	B	╳	╳	○	○	╳	╳	○	○	○	○	○	○	○	○	○	○
	AB	╳	╳	╳	╳	╳	╳	○	○	╳	○	╳	○	╳	○	○	○

05

병은 왜 전염되는 걸까요?
세균과 바이러스는 어떻게
다른 거죠?

콜록, 콜록. 어머, 감기에 걸린 걸까요? 왜 감기에 걸리면 기침이 나는 거죠?

몸속에 몰래 들어와서 병을 일으키는 바이러스가 있는데, 면역 체계가 그걸 물리치려고 하는 거란다. 자, 오늘은 빨리 쉬는 게 좋겠다.

바이러스? 면역? 뭔지 잘 모르겠는데, 빨리 나았으면 좋겠어요…….

세균과 바이러스는 전혀 달라요

세균이나 바이러스가 신체에 침입해서 병을 일으키는 것을 감염증이라고 합니다. 감기는 가장 흔하게 볼 수 있는 감염증인데, 감기의 90퍼센트는 바이러스에 의해 걸립니다. 그러나 감기에 걸리게 하는 바이러스의 종류는 200가지 이상에 이르며, 어떤 바이러스가 원인인지를 밝혀내는 것이 대단히 어렵습니다.

이렇게 질병을 일으키는 세균이나 바이러스를 '병원체'라고 부릅니다. 그런데 세균과 바이러스는 실제로는 전혀 다른 것입니다.

세균의 대표적인 예를 들자면 대장균, 결핵균, 황색 포도 상구균 등이 있습니다. 중독 증상을 일으키는 등 대단히 무서운 존재이지요. 한편, 청국장균이나 유산균처럼 우리 생활에 유익한 균도 있습니다.

한편 바이러스는 다른 생물의 세포 내에 침입하여 기생하면서 증식합니다. 이렇게 바이러스가 기생하면 열이 나는 요인이 되기도 합니다.

병원체가 신체에 침입하는 경로

감염경로	특징	감염증 사례
공기감염	공기 중을 떠다니는 세균이나 바이러스를 흡입하여 감염된다	결핵, 홍역, 수두 등
비말감염	기침이나 재채기를 통해 흩뿌려진 세균이나 바이러스를 흡입하여 감염된다	인플루엔자, 감기, 풍진, 유행성 이하선염, 백일해 등
접촉감염	감염자에게 직접 접촉하거나, 난간이나 수건 등 물체의 접촉을 통해 감염된다	농포진, 인두 결막열, 파상풍 등
경구감염	바이러스나 세균에 오염된 음식을 먹어서 감염된다	노로바이러스, 로타바이러스 등

세균과 바이러스는 크기에도 차이가 있습니다. 세균은 1μm(마이크로미터, 1μm=1mm의 1,000분의 1) 정도의 크기이며, 하나의 세포로 이

루어져 있기 때문에 단세포 생물이라고 부릅니다. 이와는 달리 바이러스는 30~150nm(나노미터, 1nm=1mm의 100만 분의 1)이므로 바이러스의 크기가 훨씬 작고, 미생물로 분류되어 있지만 생물은 아닙니다.

병원에서 사용하는 항생제는 세균에만 효과가 있어요

병원에서 자주 처방하는 항균약(항생제)는 세균으로 인해 발생하는 감염증에 사용하며, 바이러스에는 효과가 없습니다. 인류는 바이러스에 대항하기 위해 다양한 백신을 개발한 역사가 있고, 그 결과 천연두처럼 완전히 박멸한 감염증도 있습니다.

우리는 항상 다양한 세균이나 바이러스에 감염될 위험에 노출된 상태에서 생활하고 있습니다. 병원체가 체내에 들어오는 대표적인 경

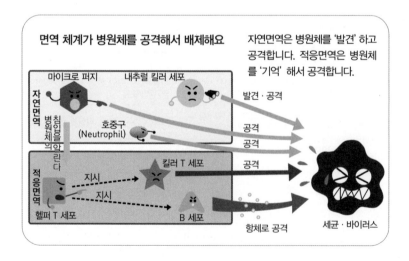

로는 공기 감염, 비말 감염, 접촉 감염, 경구 감염 등이 있습니다. (위의 표를 참조하세요.)

체내에 들어간 병원체는 어떻게 되나요?

하지만 병원체가 체내에 들어간다고 해서 즉시 병에 걸리는 것은 아닙니다. 사람의 몸에는 병원체를 공격해서 배제하는 '면역'이라는 뛰어난 방어 기능이 갖추어져 있기 때문입니다.

면역은 크게 분류하면 자연면역과 적응면역으로 나눌 수 있습니다. 자연면역은 태어날 때부터 갖추어지는 기능인데, 면역세포가 몸 안으로 침입한 병원체나 체내에서 생겨난 암세포와 같은 이물질을 즉시 공격합니다.

한편, 적응면역은 자연면역이 막지 못한 병원체의 세세한 특징을 식별하고 더욱 강한 공격을 시작합니다. 그 방법 중 하나는, 과거에 침입해 들어온 병원체가 다시 침입하면 즉시 항체를 만들어내는 기능입니다. 홍역이나 풍진에 한 번 걸리면 그다음부터는 잘 걸리지 않게 되는 이유가 바로 이 적응면역이 작용하기 때문입니다.

면역은 감염증을 물리칠 수 있는 든든한 기능이지만, 몸과 마음의 컨디션에도 크게 좌우됩니다. 스트레스가 적은 생활과 균형 잡힌 식사를 하고 적절한 운동을 하는 것이 면역력을 높일 수 있는 방법입니다.

05

복용한 감기약은
어떻게 작용하나요?

내일 가족여행을 가기로 했는데 콧물이 줄줄 흐르네요…… 걱정이 되는데, 감기약을 좀 많이 먹고 가면 어떨까요?

이런, 잠시 기다리렴. 약은 용법이나 용량을 지키는 것이 무엇보다도 중요하단다. 용법보다 약을 더 많이 먹는 건 절대로 해서는 안 돼.

네, 알겠어요. 그런데 약은 어떻게 효과를 발휘하는 걸까요? 입으로 약을 먹었는데 코나 머리나 또 다른 부위에 효과가 나타나는 건 왜일까요?

혈액을 타고 전신으로 흘러가는 거란다. 혈액이 아픈 곳까지 이동시켜 주는 거지.

어떤 경로로 아픈 곳에 도달하는 걸까요?

　약을 먹으면 열이나 오한처럼 불쾌한 증상이나 병을 예방하는 데 효과를 발휘하지요. 현대인에게는 약이 아주 흔한 것이기 때문에 손쉽게 복용하는 경우가 적지 않은 것 같습니다. 그러나 약에는 부작용이 따르므로 자기 자신을 지키기 위해서라도 적절한 용법을 따르는 것이 중요합니다.

약에는 경구, 도포, 주사, 흡입, 링거, 점안 등 다양한 복용 방법이 있는데, 어느 것이든 간에 약은 혈액을 따라 환부에 다다르는 것이 기본 원리입니다.

마시는 약이 작용하기까지의 흐름을 살펴봅시다. 약은 식도를 거쳐 위에서 분해되고, 소장에서 흡수됩니다. 그중 일부는 혈관을 따라 간장으로 들어갑니다. 간장은 유해 물질을 처리하는 대사 기능을 하며,

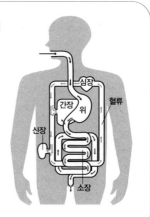

입으로 먹은 약이 몸 바깥으로 배출되기까지

위에서 흡수된 약의 일부는 소장을 통과하여 혈류를 따라 몸 전체로 퍼져나갑니다. 일부는 간장이나 신장을 통과하여 혈류로 들어가지요.

알코올을 분해하는 역할을 하는 것으로 잘 알려진 장기입니다. 간장에 도달한 약은 이물질로 여겨져 처리되며, 신장을 통해 배출됩니다. 그러나 그중 일부는 간장이라는 어려운 관문을 겨우 빠져나가서 대사되지 않고 혈류를 타고 몸 전체로 순환합니다. 약을 만든 개발자는 간장의 역할도 염두에 두고 개발한 것이지요.

세포와 결합하여 작용해요

그럼 환부에 도달한 약은 어떻게 효과를 발휘할까요? 세포 하나하나의 표면에는 단백질 수용체(리셉터)가 있습니다. 약은 이 수용체를 결합하여 효능을 발휘할 수 있습니다.

또한 약에는 작용 방식이 정반대인 '작동약(아고니스트)'과 '길항약(안타고니스트)'이 있습니다. 작동약은 수용체와 결합하여 세포의 반응을

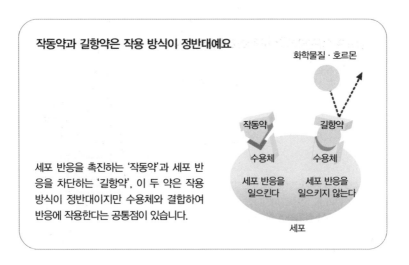

작동약과 길항약은 작용 방식이 정반대예요

화학물질 · 호르몬

작동약

길항약

수용체

수용체

세포 반응을 일으킨다

세포 반응을 일으키지 않는다

세포

세포 반응을 촉진하는 '작동약'과 세포 반응을 차단하는 '길항약', 이 두 약은 작용 방식이 정반대이지만 수용체와 결합하여 반응에 작용한다는 공통점이 있습니다.

일으키고, '더욱 ~~ 할 수 있도록' 작용합니다. 예를 들면, 기관지 천식 발작을 억제하는 약은 기관지를 확장시키도록 작용합니다.

반대로 길항약은 '~~을 하지 않도록' 세포의 반응을 억제합니다. 길항약의 좋은 예시 중 하나로 알레르기 증상을 일으키는 물질(히스타민)의 작용을 차단하는 항히스타민제를 들 수 있습니다.

부작용이 일어나는 이유

약의 부작용이 발생하는 이유는 약의 효과를 기대하며 투여한 환부와 다른 장소에 그 약과 결합되는 수용체가 존재하기 때문입니다. 항히스타민제는 눈이나 코의 세포에 작용하여 알레르기 증상을 억제하지만, 두뇌의 세포와도 결합합니다. 여기서 성가신 것은 히스타민 성분에는 각성 작용도 있다는 것입니다. 각성 작용이 두뇌에서 차단되면 잠이 오는 부작용이 발생하게 되지요.

이와 같은 복잡한 기능이 있기 때문에 '약은 위험성을 동반한다'고도 말합니다. 그러므로 아무렇게나 마구잡이로 복용해서는 안 되며, 의사나 약사와 같은 전문가의 지시를 따르고 용법과 용량을 지키는 것이 무엇보다도 중요합니다.

05

암이란 무엇인가요?
어떤 병이죠?

뉴스를 보면 암 선고를 받은 연예인 소식이 나오곤 하는데, 암은 남녀노소 가리지 않고 걸리는 병인가 봐요.

그렇지, 잘 알고 있구나. 한국인 세 명 중에 한 명은 사는 동안 한번은 암에 걸린다는 통계도 있지. 한국인들이 사망하는 원인 1위가 암이란다.

의학 기술이 많이 발달했다고 생각했는데, 아직 치료를 못하는 거군요.

안타깝게도 완전한 치료 방법은 아직 발견되지 않았어. 그렇지만 암은 빨리 발견하면 치료할 수있는 경우도 많으니까 어떤 병인지를 미리 알아두는 것도 중요하겠지.

매일 발생하는 문제들이 '암을 유발'해요

　인류는 다양한 병을 극복해 왔지만 암(악성종양)은 지금도 여전히 전 세계에서 연간 800만 명의 생명을 빼앗고 있습니다.

도대체 암은 어떻게 발생하는 것일까요? 우선 그 점부터 살펴봅시다. 사람의 몸은 많은 수의 세포로 구성되어 있는데, 그 수는 60조 개라고 하기도 하고, 37조 4,000만 개라고 하기도 합니다. 그런데 세포 하나하나에는 수명이 있으며, 세포가 줄어들면 그만큼 분열하고 증식하여 수를 늘립니다. 세포 안에는 유전자가 있고, 정상세포는 이 유전자의 정보에 따라서 줄어든 양만큼 채우게 되지요. 예를 들면, 피부에 상처가 생기면 세포가 증식해서 상처 부위를 막고, 상처가 나으면 세포는 자연스레 증식을 멈춥니다.

그런데 세포 분열 복제 과정에서 오류가 발생하거나, 외적인 자극을

문제가 있는 상황이 계속 반복되어 쌓이면서 암세포가 발생해요

❶ 복제 오류 및 외부 자극에 의해 유전자에 상처가 생긴다

❷ 일부분에 문제가 있는 세포가 생기기 시작한다

❸ 세포가 암이 되어 증식한다

❹ 암세포가 증식해서 정상세포를 침식한다

받으면 세포의 유전자가 손상을 입게 되고, 이러한 정상적인 작동을
할 수 없게 되는 경우가 있습니다. 이것이 시간이 흐르면 암세포가
되는 것입니다.

그렇다고는 하지만 암세포가 생긴다고 해서 반드시 암에 걸리는 것
은 아닙니다. 체내의 면역세포가 즉시 암세포를 공격해서 물리치기
때문이지요. 학설에 따르면 건강한 신체라 하더라도 문제가 있는 세
포가 하루에 약 5천 개 정도 발생하고, 제거된다고 합니다. 무서운
이야기이긴 하지만 그만큼 사람의 면역 기능이 의지가 되는 존재라
고도 생각할 수 있겠지요.

그러나 사람이 나이를 먹음에 따라 면역 기능이 차차 저하되고, 암세
포가 살아남는 경우가 있습니다. 그렇게 살아남은 암세포는 '다단계
발암'이라는 과정을 거쳐 암이 됩니다.

정상적인 세포에서 영양분을 빼앗아요

암이 무서운 이유는 다음과 같은 증상을 일으키기 때문입니다.

① 자기증식: 정상적인 세포는 어느 정도의 범위 내에서 분열을 멈추지
  만 암세포는 무한히, 무질서하게 증식합니다.
② 침윤: 암세포가 주위의 경계를 침범하며 증식합니다. 예를 들어 위장
  의 표면에 암이 발생하면, 암세포는 계속해서 깊은 곳으로 침식해 들
  어가고 결국 근육에까지 도달하게 됩니다.
③ 전이: 암세포가 혈액이나 림프액의 흐름에 따라 전이되어 다른 부위
  에서도 자기증식과 침윤 과정을 반복합니다.

유의해야 할 점은 암이 정상적인 세포를 공격하는 것이 아니라, 암이 성장하면서 정상적인 세포가 필요로 하는 영양분을 빼앗는다는 것입니다. 시간이 흘러 사람의 몸 안에서 암도 자라서 커짐에 따라 더 많은 양의 영양분을 빼앗습니다. 암이 진행되면 몸이 야위어 가는 것이 이런 이유 때문입니다.

암이 생긴 부위는 정상적인 활동을 할 수 없습니다. 암이 한 장기에서 다른 장기로 전이해 나 가면 머지않아 몸 전체가 정상적인 생활을 유지할 수 없게 됩니다.

'꿈의 암 치료제'라고 불리는 '옵디보'

암을 치료하는 방법 중에는 암을 직접 제거하는 수술, 암세포를 공격해서 사멸하는 방사선요법, 항암제 치료 등이 있습니다. 또한 최근에는 면역 치료법이 각광을 받고 있습니다. '꿈의 암 치료제'라고도 불리는 '옵디보(니볼루맙)'는 인체가 본래 가지고 있는 면역력을 이용해서 암을 공격하고 치료합니다.

암은 빨리 발견할 경우 완치될 가능성이 높아지기 때문에, 정기적으로 건강 검진을 받아서 조기에 발견하는 것이 무엇보다 중요합니다.

05

엑스레이 촬영을 하면 어떻게 몸 안을 볼 수 있는 걸까요?

체육시간에 발목을 삐어서 병원에 가서 엑스레이를 찍었어요. 골절된 건 아니라니 안심하긴 했지만, 엑스레이 촬영을 하면 어떻게 몸 안을 들여다볼 수 있는지 신기하더라고요.

엑스레이 촬영은 우리 눈에 보이지 않는 빛을 쏘아서 몸을 투명하게 만들어 내부를 확인할 수 있는 거란다. 엑스레이는 신체를 통과하는 성질을 가지고 있기 때문이지.

와, 대단해요! 마치 슈퍼 히어로들의 투시 능력 같아요!

투시 능력이라기보다는 실루엣을 이용한 그림자놀이에 가까울 것 같구나. 몸을 통과한 빛의 진하기를 사진으로 표현하는 것이거든.

눈에 보이지 않는 빛인 '엑스레이(X-ray)'를 사용해요

엑스레이 촬영을 하면 몸에 메스를 대지 않고서도 뼈나 장기와 같은 신체 내부의 상태를 볼 수 있지요. 엑스레이 촬영을 하기 위해서는 X선이라고 하는 눈에 보이지 않는 빛을 활용합니다. X선은 1895년에 독일의 물리학자인 빌헬름 뢴트겐이 발견했습니다. 뢴트겐이라는 장치의 이름은 바로 이 박사의 이름에서 유래한 것입니다.

엑스레이는 텔레비전이나 휴대폰의 전파, 태양의 자외선과 마찬가지로 전자파의 한 종류입니다. 전자파는 파도처럼 진동하며 나아가는데, 파도의 길이에 따라 특성이 달라집니다. 파장이 짧을수록 에너지가 높고, 물질을 통과하기 쉬워지지요.

엑스레이는 전파나 적외선, 자외선과 같은 전자파보다 파장이 짧고, 물질 안을 통과하는 힘이 매우 강하다는 특징을 가지고 있습니다. 그

파장의 길이에 따른 전자파의 분류

전자파는 파장에 따라 분류할 수 있습니다. 파장이 긴 것부터 순서대로 나열하자면 라디오, 텔레비전, 스마트폰 등이 있으며, 엑스레이는 가시광선보다도 파장이 짧은 전자파입니다.

렇기 때문에 사람의 몸도 통과할 수 있는 것입니다.

뼈는 하얗게 보이고, 그 이외의 부분들은 검게 보이는 이유가 무엇일까요?

물론, 엑스레이가 어떤 물질이든 똑같이 투과하는 것은 아닙니다. 사람의 몸 안에는 뼈나 장기, 근육 등이 있는데, 조직을 구성하고 있는 원소의 종류나 밀도가 다르기 때문에 엑스레이가 통과하기 쉬운 정도가 제각기 다릅니다. 엑스레이를 몸 내부로 쏘게 되면, 장기나 근육은 통과할 수 있지만 뼈나 치아 등 밀도가 높은 물질에 접촉하면 도중에 멈추게 됩니다.

엑스레이 촬영을 하는 원리

엑스레이를 찍는 필름은 엑스레이가 닿으면 검게 변합니다. 엑스레이를 몸에 쏘면 장기나 근육은 엑스레이가 쉽게 통과해 나오기 때문에 그 부분이 검게 찍힙니다. 반면에, 뼈는 X선을 거의 통과시키지 않기 때문에 그 부분은 하얗게 찍히게 됩니다.

엑스레이 사진에서는 엑스레이를 쏘아내는 장치와 전용 필름 사이에 몸을 배치하고, 몸을 투과한 엑스레이를 인화하여 화상으로 만듭니다. 엑스레이가 통과한 부분은 검게 찍히고, 통과하지 못한 부분은 하얗게 나옵니다. 그렇기 때문에 엑스레이 사진을 보면 엑스레이가 통과하기 어려운 뼈나 치아는 하얗게, 통과하기 쉬운 내장이나 근육은 검게 보이는 것이지요.

의료 이외의 다양한 분야에서도 활용되고 있어요

엑스레이는 방사선의 한 종류입니다. 방사선을 많이 쬐게 되면 세포가 손상되는 등 인체에 해를 끼칠 수 있습니다. 엑스레이가 발견되었을 당시에는 인체에 미치는 위험성이 알려지지 않았기 때문에 연구자들 중에는 건강을 해친 사례도 있었습니다. 의료 현장에서는 환자에게 가능한 한 부담을 주지 않도록 엑스레이의 양을 제한하여 사용하고 있기 때문에 안심할 수 있지만, 방사선에 이러한 성질이 있다는 것은 알아두면 좋겠지요.

엑스레이는 투과력이 강하기 때문에 의료 분야 이외의 다양한 분야들에서도 활용되고 있습니다. 우리가 잘 알고 있듯이 공항에서 수하물 검사를 할 때 활용되기도 하고, 건물 내부의 균열을 발견하는 비파괴검사를 할 때도 아주 유용하게 사용됩니다. 또한 엑스레이 천문학이라고 하는 연구 분야에서는 엑스레이를 활용하여 눈에 보이지 않는 블랙홀을 촬영하기도 합니다. 방사선이라고 하면 조금 무서운 생각이 들 수도 있지만, 어떻게 활용하느냐에 따라 대단히 편리한 것이 될 수도 있지요.

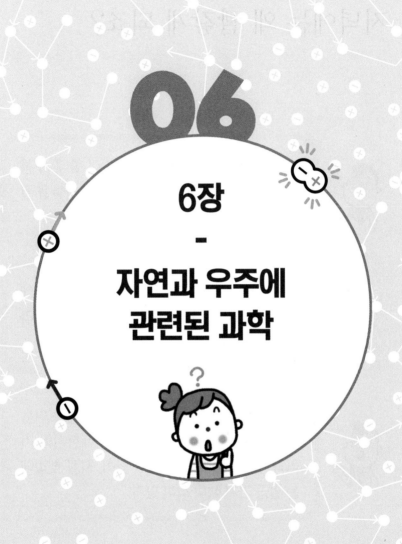

06

6장

-

자연과 우주에
관련된 과학

06

하늘은 왜 파란가요?
저녁에는 왜 빨갛게 되죠?

 오늘은 날씨가 아주 맑아서 기분이 좋네. 구름 한 점 없는 푸른 하늘이란 바로 이런 하늘을 말하는 거겠지.

 정말 오늘 날씨가 참 좋네요. 그런데 하늘은 왜 파란 걸까요? 하늘 위쪽의 공기는 푸른색이라서 그런 걸까요?

 공기에는 색이 없단다. 하늘이 파랗게 보이는 건 태양에서 나오는 빛이 도착할 때까지의 거리와 빛의 성질이 관련되어 있어. 사실 햇빛에는 일곱 가지 색이 섞여 있지.

태양에서 나오는 빛은 일곱 가지 색이 섞여 있어요

　우리가 바라보는 하늘은 왜 파란색인지 혹시 생각해본 적이 있나요? 그리고 하늘은 항상 파란 것이 아니라 석양이 질 때는 붉게 물들고, 일출이나 일몰 때에는 짙은 남색으로 보이지요.

하늘의 색상이 다양한 것은 태양에서 나오는 빛과 관련이 있습니다. 보통 햇빛은 하얗게 보이지만 실제로는 이른바 무지개의 일곱 가지 색이라고 하는 빨간색, 주황색, 노란색, 초록색, 파란색, 남색, 보라색이 섞여 있습니다. 일곱 가지 색이 모두 섞이면 백색광이라고 하는 하얗게 보이는 빛이 되는 것입니다.

그러면 흰색 빛이 투명한 공기를 통과하는 것뿐인데 하늘이 왜 파랗게 보이는 것일까요?

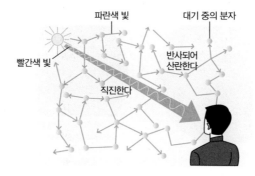

파란색 빛은 분자에 부딪히면 산란해요

파란색 빛　　대기 중의 분자

빨간색 빛　　반사되어 산란한다

직진한다

빛은 파장이 짧을수록 강하게 산란합니다. 파장이 긴 빨간색 빛은 대기 중에 분자가 있어도 직진하지만 파장이 짧은 파란색 빛은 분자에 부딪히면 여기저기로 방향을 바꾸며 하늘 전체로 흩어져 나갑니다. 그것을 멀리서 보면 푸르게 보이는 것이지요.

햇빛은 대기 중의 작은 분자에 부딪혀요

　빛은 전자파의 일종으로 파도처럼 진동하며 나아갑니다. 또한 태양에서 나오는 빛에 포함되는 일곱 가지 색은 색상별로 진동하는 폭 즉, 파장이 각각 다릅니다. 빨간색의 파장이 가장 길고 주황색, 노란색, 초록색, 파란색, 남색, 보라색 순서로 파장이 짧아집니다.

태양에서 나오는 빛은 대기층을 통과해 지구로 들어오는데, 대기 중에는 질소나 산소 분자를 비롯한 작은 티끌들이 부유하고 있습니다. 그리고 빛은 그러한 장애물에 부딪히면 반사되거나 굴절하여 여기저기로 산란합니다. 이때 파장이 긴 빛일수록 장애물의 영향을 적게

저녁 하늘이 붉게 보이는 이유

낮
태양
거리가 짧다
대기층
사람이 볼 수 있는 범위

저녁
거리가 멀다
파란색 빛이 장애물에 부딪힐 확률이 높아진다

일출이나 일몰 시에는 남중시(南中時, 천체가 자오선을 통과할 때의 시각 (낮))보다 햇빛이 대기층을 통과하는 거리가 길어집니다. 파장이 짧은 파란색 빛은 멀리서 산란되지만, 파장이 긴 붉은빛은 산란하지 않고 똑바로 직진합니다. 그렇기 때문에 하늘이 붉게 보이는 것입니다.

받고 직진하며, 파장이 짧은 빛일수록 장애물의 영향을 받아 여기저기로 산란합니다. 그 결과 파장이 긴 파란색 빛만 하늘에 확산되고, 멀리 있는 우리 눈에는 하늘이 푸르게 보이는 것입니다. 이 현상은 1904년에 노벨 물리학상을 수상한 영국의 레일리 경이 발견하였기 때문에 '레일리 산란'이라고 불립니다.

그러면 파장이 파란색보다 짧은 보라색이나 남색은 왜 눈에 보이지 않는 것일까요? 그 이유는 보라색이나 남색 빛은 파장이 너무 짧아 하늘에서 확산되어 옅어지기 때문에 사람의 눈으로는 식별하기 어려운 것이 아닌가 하는 등 몇 가지 가설이 존재합니다.

저녁놀에 하늘이 붉게 보이는 이유는 무엇일까요?

그럼 레일리 산란이 일어나고 있을 텐데, 왜 저녁놀에 하늘이 붉게 물드는 것일까요? 여기에는 태양에서 나오는 빛이 도착할 때까지의 거리가 관련됩니다.

우리는 낮 시간보다는 새벽이나 저녁에 태양에서 더욱 멀리 위치해 있습니다. 그렇기 때문에 파란 빛이 중간에서 산란해버려 멀리 있는 장소에서는 거의 사라져 버립니다. 반면에 빨간 빛은 거의 산란하지 않고 똑바로 나아갑니다. 그래서 우리 눈에는 파란 빛이 보이지 않고 빨간 빛만 보이기 때문에 하늘이 빨갛게 보이는 것입니다.

06

천둥번개는 왜 치는 걸까요?

비가 엄청나게 많이 와요. 으악, 하늘이 번쩍하고 빛났어요! 저는 천둥번개가 너무 무서워요. 천둥번개는 대체 왜 생기는 걸까요?

천둥번개는 원래 구름 속에서 발생하는 정전기란다. 전기가 점점 쌓이다가 어느 순간 더 이상 쌓일 수 없게 되면 지면으로 떨어지는 것이지.

정전기라면 겨울에 건조할 때 자주 발생하는 그걸 말씀하시는 건가요? 그런 정전기랑 천둥번개는 비교할 수 없을 만큼 규모의 차이가 큰 것 같은데요…….

천둥번개의 정체는 정전기랍니다

차에 타거나 차에서 내릴 때 손잡이를 잡는 순간 따끔하면서 정전기가 통할 때가 있습니다. 손잡이에서 발생하는 것과는 위력을 비교할 수조차 없겠지만 천둥번개 역시 정전기입니다. 하늘에서 대체 어떻게 정전기가 발생하는 걸까요? 그 이유는 따뜻한 공기는 위로 가고 차가운 공기는 아래로 내려가는 성질과 관련이 있습니다.

낮에 따뜻하게 데워진 공기는 상승 기류가 되어 하늘 높이 올라갑니다. 하늘 높은 곳에는 차가운 공기가 모여 있고 상승기류가 여기서 냉각되는데, 이때 상승기류가 포함하고 있던 수증기가 물 입자로 변해 나타납니다. 이것이 구름이지요.

구름은 온도가 더욱 낮은 하늘 높은 곳으로 올라가서 이윽고 얼음 입자가 됩니다. 구름 안에서는 얼음 입자끼리 부딪히면서 정전기가 발생합니다. 책받침으로 머리카락을 문지르면 정전기가 일어나는 것처럼 물체와 물체를 문지르면 정전기가 발생하는 것이지요.

구름 안에 쌓인 전기가 지면으로 흘러요

구름 안에는 얼음 입자가 떠다니고 있는데, 이 얼음끼리 부딪히면서 정전기가 발생합니다. 플러스 정전기는 구름 위쪽으로 가고, 마이너스 정전기는 구름 아래쪽으로 이동합니다. 이 정전기가 계속 쌓이다가 구름 안에 더 이상 쌓일 수 없게 되면 지면을 향해 방출됩니다. 그것이 낙뢰입니다.

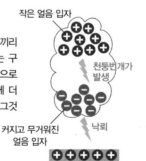

작은 얼음 입자

천둥번개가 발생

커지고 무거워진 얼음 입자

낙뢰

지면

이 정전기 중에서 플러스 전기는 구름 위쪽으로, 마이너스 전기는 구름 아래쪽으로 이동합니다. 그 사이에도 얼음 입자들은 계속 부딪히면서 구름 안에는 전기가 점점 쌓이게 됩니다. 전기가 계속 쌓여 더 이상 구름이 전기를 감싸고 있을 수 없게 되면 쌓였던 전기가 지면을 향해 방출됩니다. 이것이 낙뢰 즉, 번개가 치는 현상입니다.

멀리서 친 번개일까요, 가까이서 친 번개일까요?

천둥번개가 칠 때 우르르 쾅쾅 하는 무시무시한 소리가 나는데요, 이 소리의 정체는 공기의 진동입니다. 일반적으로 전기는 공기 안을 통과할 수 없지만 번개는 이것을 강하게 뚫고 지나갑니다. 번개가 가진 에너지는 대단히 무시무시하며, 번개 주위의 온도는 약 3만 도에 이른다고 합니다. 주변 공기가 한순간에 과열되었다가 팽창하는 것

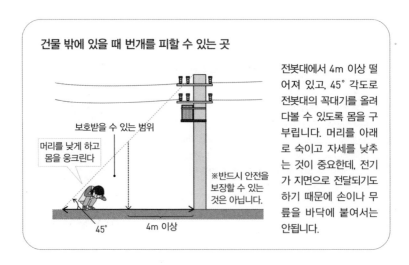

건물 밖에 있을 때 번개를 피할 수 있는 곳

보호받을 수 있는 범위

머리를 낮게 하고
몸을 웅크린다

※반드시 안전을
보장할 수 있는
것은 아닙니다.

45°   4m 이상

전봇대에서 4m 이상 떨어져 있고, 45° 각도로 전봇대의 꼭대기를 올려다볼 수 있도록 몸을 구부립니다. 머리를 아래로 숙이고 자세를 낮추는 것이 중요한데, 전기가 지면으로 전달되기도 하기 때문에 손이나 무릎을 바닥에 붙여서는 안됩니다.

인데 그렇게 팽창한 공기의 진동이 우르르 쾅쾅 하는 우렛소리가 되어 들리는 것입니다.

그리고 빛과 소리로 번개까지의 거리를 대략 추정해볼 수 있습니다. 천둥번개 소리가 전달되는 속도는 초속 340m 가량이며 빛은 거의 순간적으로 전달되기 때문에 빛이 번쩍이고 나서 몇 초 후에 천둥소리가 들리는지 계산해봅시다. 번개가 번쩍이고 나서 10초 후에 소리가 들리면 340m×10초이므로 거리는 3.4km 떨어져 있는 것입니다.

넓은 장소에 있을 때 천둥번개로부터 몸을 보호하기 위해서는 어떻게 해야 할까요?

천둥번개의 무서운 점은 언제 어디로 떨어질지 모른다는 것입니다. 낮게 깔린 검은 구름이 보이는 것, 차가운 바람이 부는 것, 우박이 내리는 것 등은 천둥번개가 발생할 조짐입니다. 천둥번개가 칠 낌새가 보이면 건물 안으로 대피하는 것이 가장 좋습니다.

캠핑장 등 넓은 야외에서 놀고 있을 때에는 피신할 곳을 미리 파악해두면 좋습니다. 캠핑장에서 흔히 저지르기 쉬운 실수는 천둥소리가 들릴 때 높은 나무 아래로 도망가는 것입니다. 번개가 나무에 떨어지면 그 아래에 있는 사람도 나무를 통해 감전되기 때문이지요.

전봇대나 철탑 역시 같은 이유로 대단히 위험합니다. 어쩔 수 없을 경우에는 전봇대에서 4m 떨어진 곳에서 꼭대기를 45°이상의 각도로 올려다볼 수 있는 범위에 있는 것이 안전하다고 합니다. 자세는 계속 낮추고 있어야 하지만, 전기가 지면을 통해 전달될 수도 있기 때문에 손이나 무릎, 엉덩이가 땅에 닿지 않도록 주의하세요.

06

왜 장마철에는 비가
계속 내리는 걸까요?

올해는 장마가 길어지네. 벼농사에는 물이 많이 필요하니까 이 시기에 내리는 비는 고마운 것이긴 하지만.

이렇게 매일매일 비가 오는 건 너무 싫은걸요! 그런데 왜 장마철에는 비가 계속 내리는 거예요?

장마는 차가운 공기 덩어리와 따뜻한 공기 덩어리가 세력 다툼을 하면서 생기는 거란다. '기단'이라는 말을 들어본 적 있니?

한국의 북쪽과 남쪽에는 거대한 공기 덩어리가 있어요

　장마는 봄에서 여름으로 계절이 변화할 때에 오랜 기간 내리는 비를 가리킵니다. 이 계절의 한국 주변 기압 배치를 살펴보면, 북쪽에는 차고 습한 북동풍을 불게 하는 '오호츠크해 기단'이 자리 잡고 있습니다. 한편, 남쪽에는 '북태평양 기단'이 뻗어나가고 있습니다. 기단이란 비슷한 온도와 습도를 지닌 공기의 덩어리를 가리킵니다. 겨울에서 봄까지는 차가운 공기를 가지고 있는 오호츠크해 기단이 우세하지만 계절이 여름으로 바뀌어 가면서 따뜻한 공기를 가지고 있는 북태평양 기단이 북상하기 시작하며, 북쪽과 남쪽의 이 두 기단이 서로 만나 세력 다툼을 합니다. 그 경계면에 만들어져서 정체하는 것이 '장마전선'입니다.

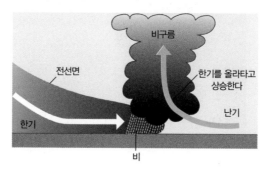

차가운 공기와 따뜻한 공기가 만나면 비가 내려요

한기(차가운 공기)와 난기(따뜻한 공기)가 만나면, 난기가 한기보다 더 가볍기 때문에 한기 위로 올라갑니다. 난기가 상승하면 전선 부근에 구름이 만들어지고, 그 아래쪽에는 비가 내립니다.

차가운 공기와 따뜻한 공기가 서로 밀어내요

　장마전선 때는 남쪽에서 따뜻하고 습한 공기가 흘러들어오고, 북쪽에서 차가운 바람이 불어옵니다. 차가운 공기와 따뜻한 공기가 세력 다툼을 하기 시작하면 따뜻하고 가벼운 공기가 차갑고 무거운 공기 위로 올라갑니다. 그러면 위로 올라간 따뜻한 공기의 온도가 내려가면서 차가워지게 되는데, 공기의 온도가 변화하게 되면 머금을 수 있는 수증기의 양이 달라집니다. 따뜻한 공기는 수증기를 많이 머금을 수 있지만, 차가워지면 머금을 수 있는 수증기 양이 줄어드는 것이지요.

그렇기 때문에 전선 부근의 공기가 차가워지면서 더 이상 머금을 수

한반도를 둘러싼 다섯 개의 기단

대륙과 바다 위에 공기가 정체하면 온도나 습도에 대해 고유한 성질을 가지는 기단이라고 하는 공기 덩어리가 만들어집니다. 한국 가까이에는 한랭 건조한 시베리아 기단, 저온 다습한 오호츠크해 기단, 고온건조한 양쯔강 기단, 고온다습한 북태평양 기단과 적도 기단이 있습니다. 이렇게 특성이 다른 기단들에 둘러싸여 있기 때문에 기후가 불안정합니다.

없게 된 수증기가 물방울이 되면서 구름을 형성합니다. 그리고 그 구름이 비를 내리는 것입니다.

여름이 다가오면 북태평양 기단의 세력이 강해지면서 오호츠크해 기단을 북쪽으로 밀어내는데, 완전히 밀어낼 때까지 차가운 공기와 따뜻한 공기가 계속 세력 다툼을 합니다. 바로 이것이 한동안 비가 많이 내리는 원인인 장마철이 되는 것입니다.

장마의 시작과 끝

장마전선은 일본에서 시작되며, 우리나라를 거쳐 북상하다가 북한을 지나 중국 국경까지 올라간 다음 소멸합니다.

우리나라의 경우 6월 중순 후반에 제주도 지방으로부터 시작하여 6월 하순 초반에 점차 중부 지방에 이르게 되는데 기간은 30일 내외입니다. 예전에는 기상청에서 장마 예상 시기를 발표하였지만 2010년대 중반부터 '마른 장마'라 불리는 국지성 호우가 자주 발생하고, 장마가 종료된 후에도 강수량이 지속적으로 늘어나는 추세여서 2009년부터는 예상 시기를 발표하지 않고 장마의 시작과 끝을 분석해서 전하고 있습니다.

최근에는 한 해에 장마가 두 번 오게 되는 극단적인 현상도 발생하기에 기상청은 2017년부터 한대 기단에서 열대 기단으로 여름철 기단이 변화할 때 오는 모든 비를 '장맛비'로 부르기로 했습니다. 원래는 장마전선의 영향을 받는 경우에만 '장맛비'라 했는데 여름에 3~4일 이상 계속해서 내리는 비를 모두 장맛비로 인식하는 사람들이 많아서 혼란이 일어난다는 판단에 의한 것입니다.

밀물과 썰물은 왜
발생하는 걸까요?

일요일에 가족과 같이 바다에 해수욕을 하러 갔어요. 그런데 아침에는 모래사장이 조금밖에 안 보였는데, 집에 돌아갈 때는 모래사장이 엄청 넓어졌더라고요. 기분 탓이었을까요?

밀물에서 썰물로 바뀐 것이구나. 바닷물은 하루 사이에도 이동을 하거든. 이 현상에는 달과 태양이 크게 관련되어 있단다.

바닷물이 이동을 하는 거였군요! 바닷물의 양이 많아지거나 줄어드는 거라고 생각했었어요.

달의 인력이 바닷물을 움직여요

　오전에는 분명히 저 멀리까지 갯벌이 있었는데, 오후가 되니까 코앞까지 파도가 들이쳐서 갯벌이 사라지는 현상을 본 적이 있나요? 이것은 해수면이 높아지고 낮아지는 것에 의한 현상입니다. 하루에 두 번, 바닷물의 수위는 규칙적으로 높아지고 낮아집니다. 해수면이 높아진 것 즉, 바닷물이 해변 끝까지 밀려 들어온 것을 '밀물' 또는 '만조'라고 하고, 해수면이 낮아진 것 즉, 바닷물이 저 멀리까지 빠져나간 상태를 '썰물' 또는 '간조'라고 합니다.

이 현상은 특히 달의 인력과 관계가 있습니다. 달을 바라보는 방향에 있는 바닷물은 달의 인력에 이끌려 밀물이 됩니다. 이때 지구의 반대편은 어떻게 될까요? 예를 들어 달이 한국을 향해 있는 경우, 브라질 인근 바다는 어떻게 될까요? 달의 인력이 약하기 때문에 바닷물은

해수면의 높낮이가 변하는 것은 달의 위치와 관계가 있어요

지구　달

원심력

달의 인력

바닷물은 달의 인력에 의해 당겨집니다. 달을 바라보고 있는 쪽의 바닷물은 인력으로 인해 들어 올려져 해수면이 높아집니다. 이것을 밀물이라고 합니다. 그리고 지구의 반대편은 인력이 약해지기 때문에 바닷물이 남아 있게 되어 이곳도 만조(밀물)가 됩니다. 그리고 달과 직각인 방향에는 바닷물이 적어집니다. 이것을 썰물이라고 합니다.

그대로 남아 있습니다. 다시 말해, 달과 가까운 쪽의 바다와 마찬가지로 밀물인 상태가 됩니다. 이러한 현상을 발생하게 하는 힘을 '조석력(潮汐力, tidal force)'이라고 합니다.

달과 직각인 방향의 해수면은 낮아져요

그러면 어느 쪽이 썰물이 될까요? 달과 직각 방향에 있는 바다가 썰물이 됩니다. 달과 가까운 쪽으로 바닷물이 이동하기 때문에, 달과 직각 방향에 있는 바다의 바닷물이 줄어들어 해수면이 낮아지는 것입니다.

달은 정확히 지구 주변을 24시간 50분에 걸쳐 돌고 있습니다. 그리고 해수면의 높이는 이 움직임에 따라 거의 12시간 25분마다 밀물에서 밀물로, 혹은 썰물에서 썰물로 변화합니다.

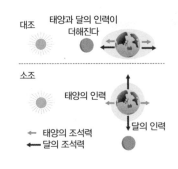

태양과 달의 위치로 인해 대조와 소조가 발생해요

대조
태양과 달의 인력이
더해진다

소조
태양의 인력

← 태양의 조석력
← 달의 조석력

달의 인력

지구와 달과 태양이 일직선상에 위치해 있으면 달과 태양으로 인한 조석력이 더해지기 때문에 하루 동안 밀물과 썰물의 해수면 높이 차이가 커집니다. 이것을 대조(大潮)라고 합니다.

달과 태양이 직각으로 위치해 있을 때는 서로 직각 방향으로 당기기 때문에 밀물과 썰물의 해수면 높이 차이가 가장 작아집니다. 이것을 소조(小潮)라고 합니다.

참고로 세계에서 조수 간만(干滿)의 차가 가장 큰 곳은 캐나다의 펀디만(灣)인데, 해수면의 높이 차이가 무려 15m에 달한다고 합니다. 이 정도의 규모라면 이동하는 바닷물의 양도 어마어마할 텐데요, 무려 1,600억 톤이나 된다고 하니 정말 놀랍습니다. 우리나라 서해안도 수심이 얕아서 조수 간만의 차가 큰 편입니다. 대표적으로 인천 바닷가는 해수면의 높이 차이가 8.2m에 달합니다. 1911년에는 10.27m의 기록을 세우기도 했습니다.

태양도 인력으로 바닷물을 끌어당겨요

달뿐만이 아니라 지구와 태양 사이에도 조석력이 발생합니다. 태양의 인력은 달의 절반 정도이지만 태양과 달의 위치에 따라서 인력이 더해지기도 하고 약화되기도 합니다. 그러면 조수 간만 역시 커지기도 하고 작아지기도 하지요.

태양과 달과 지구가 일직선상에 있으면 인력이 더해지기 때문에 조수간만의 차이가 더욱 커지게 됩니다. 이를 '대조'라고 하며, 신월이나 만월일 때 발생합니다. 한편 달과 태양이 직각 방향에 위치해 있을 때 발생하는 것이 '소조'입니다. 태양과 달의 조석력이 서로 직각 방향으로 끌어당기기 때문에 조수 간만의 차이가 작아집니다. 이 현상은 달이 상현 또는 하현일 때, 다시 말해 반달일 때 발생합니다.

우리는 밀물과 썰물을 통해 자연의 혜택을 누릴 수도 있지만, 자연의 위력도 똑똑히 실감할 수 있습니다. 그러므로 바다 가까이에 있을 때는 날씨에 신경 쓰는 것만큼이나 밀물과 썰물에도 주의할 필요가 있겠습니다.

06

바다의 소금은 어떻게
만들어지는 걸까요?

요전번에 해수욕하러 갔다고 했잖아요. 그때 아빠에게 '바다의 소금은 어디에서 온거에요?' 라고 물어보니 모르겠다고 하셨어요. 선생님, 알려주실 수 있나요?

그걸 설명하려면 46억 년 전 지구가 만들어졌을 때부터 이야기를 해야겠구나. 바다가 생긴 시점 부터 말이다.

그렇게까지 과거로 거슬러 올라가야 하는 거에 요? 바다는 어마어마하게 크니까 어디 한구석 에서 소금이 솟아나고 있는 줄 알았어요.

'짠맛'이 나는 이유는 염소와 나트륨 때문이에요

바닷물에는 다양한 원소가 녹아있습니다. 유황, 마그네슘, 칼슘, 칼륨, 탄소, 브롬 등등 ……. 그중에서도 가장 많이 녹아 있는 원소는 '염소'와 '나트륨'입니다. 염소와 나트륨이 결합한 염화나트륨은 소금의 주성분입니다. 바닷물 100g당 3.4g 정도의 소금이 녹아 있기 때문에, 바닷물을 핥으면 짠맛이 느껴지지요.

그러면 바닷물 속의 염분은 어디서 온 것일까요? 그 점을 알아보려면 지구가 생긴 때인 약 46억년 전까지 거슬러 올라가야 합니다. 태곳적 지구의 바다는 바닷물이 아니라, 다양한 광물이 녹아 있는 마그마로 이루어져 있었습니다. 지표를 덮는 대기는 수증기, 수소, 염소 등의 가스로 구성되어 있었는데 지구가 냉각되면서 공기 중을 떠돌아다니던 수증기가 물이 되고, 큰 비가 되어 지상으로 내리게 됩니다. 이 비가 내릴 때 대기 중의 염소가 녹아 땅으로 떨어졌기 때문에,

바다가 탄생하기까지

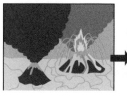 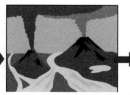 

① 지구가 막 탄생했을 무렵에는 암석이 녹아서 만들어진 마그마가 지표면을 덮고 있었습니다. 대기는 수증기와 탄산가스, 염소가스 등으로 이루어져 있었습니다.

② 지구가 냉각되자 수증기가 물로 변하고, 염소가 녹은 산성비가 되어 땅 표면으로 쏟아졌습니다. 이것이 모여서 바다가 되었습니다.

③ 바다는 원래 산성이었지만, 암석에 포함되어 있는 나트륨이 녹으면서 염화나트륨 수용액이 되었습니다. 이것이 염분을 포함하고 있는 지금의 바닷물입니다.

대지에는 염소가 포함된 물이 모이게 되었습니다. 이것이 이윽고 바다가 되었지요.

바다의 염분 농도는 어디든 비슷할까?

염소가 녹아들어 있는 바다는 처음에 강한 산성을 띠고 있었습니다. 그러나 바닷속에 가라앉아 있는 암석에서 나트륨을 비롯한 원소들이 서서히 녹아 나오기 시작해, 산성이었던 바다가 서서히 중화되기 시작했습니다. 이렇게 해서 염소를 많이 포함하고 있던 물에 나트륨이 녹아들어 염화나트륨 수용액이 만들어진 것입니다. 그 결과 지금과 같은 짠맛이 나는 바닷물이 탄생하였습니다. 바다의 역사는 터무니없이 길지만, 빙하에 덮인 시기를 제외하면 바닷물의 염분 농도

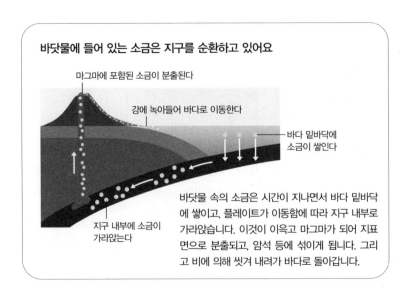

바닷물에 들어 있는 소금은 지구를 순환하고 있어요

마그마에 포함된 소금이 분출된다

강에 녹아들어 바다로 이동한다

바다 밑바닥에
소금이 쌓인다

지구 내부에 소금이
가라앉는다

바닷물 속의 소금은 시간이 지나면서 바다 밑바닥에 쌓이고, 플레이트가 이동함에 따라 지구 내부로 가라앉습니다. 이것이 이윽고 마그마가 되어 지표면으로 분출되고, 암석 등에 섞이게 됩니다. 그리고 비에 의해 씻겨 내려가 바다로 돌아갑니다.

에는 큰 차이가 없다고 하니 더욱 놀랍습니다.

다만 '염분 농도가 변하지 않는다'는 것은 지구에 있는 바다 전체의 평균값을 구한 경우에 해당하는 것이고, 각 지역별로 살펴보면 농도의 차이를 발견할 수 있습니다. 예를 들어 비가 자주 내리는 지역이나 큰 하천이 있는 지역에는 담수가 대량으로 흘러들어오기 때문에 염분 농도가 낮아집니다. 반대로 바닷물의 증발량이 많은 열대 지역에서는 농도가 높아지지요.

더 나아가 염분 농도가 높은 바닷물은 무겁기 때문에 바다 깊은 곳까지 가라앉게 되고, 농도가 낮은 바닷물은 바다가 얕은 쪽으로 떠오르기 때문에 수심에 따라서도 농도가 달라집니다. 또한 염분 농도는 햇빛에 의해 가열되거나 심해에서 냉각되는 등 온도의 영향도 받으면서 부상(浮上)과 침하(沈下)를 반복합니다. 그리고 편서풍이나 해류의 영향도 받으며 전 세계를 순환합니다.

소금 성분은 땅속에서도 순환하고 있어요!

바닷물의 염분은 땅속을 순환하고 있다고도 합니다. 바다는 플레이트라고 하는 암반 위에 있는데, 이 플레이트는 조금씩 이동을 하면서 지구 내부로 들어갑니다. 이때 바다 밑바닥에 쌓여 있던 염분이 지구 내부로 함께 들어가, 고온의 마그마에 녹아들어 갑니다. 이 마그마는 화산이 분화하면서 지표면으로 뿜어져 나오며, 식으면서 굳어져 바위가 됩니다. 그리고 빗물 등에 오랜 시간 접촉하면 거기에서 염분이 녹아 나와 강으로 흘러들어가고, 바다로 돌아가는 순환을 반복하고 있다고 합니다.

06
일본은 왜 그렇게 지진이 자주 발생하는 것일까요?

TV 방송에서 봤는데 옆나라 일본은 30년 이내에 남해 트러프 지진과 도쿄 직하지진이라는 대지진이 발생할지도 모른다고 하더라고요. 지진은 왜 발생하는 건가요?

지진은 지면 아래에 있는 '플레이트' 라고 하는 암반이 어긋나면서 발생하는 거야. 일본 열도는 네 개의 플레이트의 경계면에 있어서 지진이 자주 일어나지.

그게 지진이 자주 일어나는 이유인가요? 좀 무서운데요~~.

지구 표면은 판 모양의 암반으로 덮여 있어요

　지구 표면은 마치 직소 퍼즐 모양처럼 수십 장의 '플레이트'로 덮여 있습니다.

지구의 내부를 살펴보면 중심에 핵이 있고, 그 핵을 맨틀이 감싸고 있으며 그 위를 지각이 덮고 있는 구조입니다. 지각은 바다나 육지가 남아 있는 곳 다시 말해 지구의 가장 바깥쪽입니다. 이 중에서 지각과 상부 맨틀층은 단단한 판 형상의 암반으로 구성되어 있는데, 이것을 플레이트라고 합니다. 플레이트가 움직이지 않으면 지진은 발생하지 않습니다. 그러나, 플레이트는 매년 몇 cm부터 수십 cm씩 움직입니다.

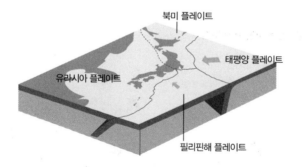

네 개의 플레이트가 일본 열도 주변에서 부딪혀요

북미 플레이트

태평양 플레이트

유라시아 플레이트

필리핀해 플레이트

일본 열도 주변에서는 바다 플레이트인 태평양 플레이트, 필리핀해 플레이트 그리고 육지 플레이트인 북미 플레이트와 유라시아 플레이트가 충돌합니다. 일본은 이 네 개의 플레이트의 경계면에 위치해 있기 때문에 지진이 많이 발생하는 것입니다.

대륙 플레이트와 해양 플레이트가 충돌해요

플레이트는 제각기 다양한 방향으로 움직이는데, 그러다 플레이트 끼리 접촉하게 되면 아주 강하게 충돌합니다. 이때, 바다 쪽에서 이 동하는 플레이트(해양 플레이트)가 육지 플레이트(대륙 플레이트)의 아 래로 파고들어가기 때문에 대륙 플레이트가 해양 플레이트에 밀리는 모습이 됩니다. 대륙 플레이트에는 원래 위치로 돌아가려는 힘이 작 용하지만, 해양 플레이트가 미는 힘이 더 크기 때문에 계속해서 밀려 납니다. 그러면 여기에서 뒤틀림이 발생합니다. 처음에는 미미한 정 도이지만 오랜 세월이 흐르면서 뒤틀림이 축적되어 갑니다. 더 이상 견딜 수 없을 만큼 뒤틀림이 쌓이게 되면 대륙 플레이트는 순간적으 로 원래 위치로 돌아가기 위해 튀어 오릅니다. 이때 발생하는 흔들림 이 지진인 것이지요.

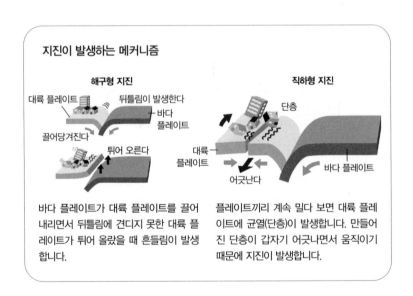

지진이 발생하는 메커니즘

해구형 지진

대륙 플레이트　뒤틀림이 발생한다
바다 플레이트
끌어당겨진다
튀어 오른다

바다 플레이트가 대륙 플레이트를 끌어 내리면서 뒤틀림에 견디지 못한 대륙 플 레이트가 튀어 올랐을 때 흔들림이 발생 합니다.

직하형 지진

단층
대륙 플레이트
어긋난다
바다 플레이트

플레이트끼리 계속 밀다 보면 대륙 플레 이트에 균열(단층)이 발생합니다. 만들어 진 단층이 갑자기 어긋나면서 움직이기 때문에 지진이 발생합니다.

일본 아래에서는 네 개의 플레이트가 충돌해요

일본 열도 주변의 땅 밑에는 유라시아 플레이트, 북미 플레이트, 태평양 플레이트 그리고 필리핀해 플레이트, 이렇게 네 개의 플레이트가 인접해 있으며, 서로 밀기도 하고 당기기도 합니다. 전 세계를 둘러보아도 이렇게 많은 플레이트가 밀집해 있는 장소는 흔하지 않습니다. 이러한 이유로 일본에는 지진이 잘 일어나는 것입니다.

2011년에 발생한 일본 도호쿠(東北) 지방 태평양 해역 지진(동일본 대지진)은 대륙의 북미 플레이트가 일본 해구에 가라앉아있는 태평양 플레이트에 의해 계속 밀려나면서 북미 플레이트에 뒤틀림이 계속 축적되었고, 이 뒤틀림이 발산되면서 발생한 '해구형지진'이었습니다. 그리고 이 지진으로 인해 대륙 플레이트가 크게 미끄러지면서 해수면 아래쪽에 큰 변동이 있었고 이로 인해 거대한 쓰나미가 발생했습니다.

지진의 종류에는 해구형 지진 외에도 '직하형 지진'이 있습니다. 이것은 플레이트가 변형에 견디지 못해 그 내부에 균열이 발생하고, 급격하게 어긋나면서 발생하는 지진입니다. 이렇게 플레이트가 갈라지면서 어긋나는 것을 '단층'이라고 합니다.

직하형 지진은 해구형 지진보다 규모는 작지만 사람이 생활하는 지면의 바로 아래에서 발생하기 때문에 큰 피해를 일으킵니다. 1995년에 발생한 일본의 효고현 남부 지진(한신·아와지 대지진)이 직하형 지진이었습니다. 앞으로도 활동할 가능성이 있는 단층을 '활단층'이라고 부르는데, 일본 열도에는 이러한 활단층이 2,000개 이상 있다고 합니다.

06

달을 보면 왜 항상 토끼 모양이 보일까요?

보름달일 때 달을 보면 토끼 모양이 보이는데, 달 뒷면의 모습은 본 적이 없어요. 어떻게 생겼을까요?

지구에서는 항상 달의 한쪽 면, 그러니까 토끼 모양이 있는 면만 볼 수 있단다.

네? 어째서죠? 달이 지구 주변을 빙글빙글 돌고 있으니까 뒷면을 볼 수 있지 않을까요?

그 이유는 달의 자전과 공전 주기가 관련되어 있어. 자전은 천체 자체가 빙글빙글 회전하는 것이고, 공전은 다른 천체 주변을 주기적으로 도는 것을 의미한단다.

지구에서는 달의 앞쪽면밖에 볼 수 없어요

　밤하늘에 두둥실 떠있는 보름달을 바라보면 이루 말할 수 없이 우아하고 운치가 느껴집니다. 달구경이라는 풍류나 풍습을 통해서도 먼 옛날부터 선조들이 달을 사랑한 것을 알 수 있습니다.

보름달에 선명하게 떠오른 달 모양을 가리켜 토끼가 떡방아를 찧는다고도 말하지요. 그러나 조금 생각해보면 보름달을 보면 항상 토끼 모양이 보인다는 것이 신기하지 않나요? 이건 마치 우주에서 지구를 본다고 가정했을때 항상 한국만 보이는 것과 마찬가지인데, 만약 그런 상황이라면 때로는 지구 반대편의 미국이나 유럽도 보고 싶어지지 않을까요?

'달은 자전을 하지 않으니까 항상 같은 면만 보이는 것 아닐까요?'라고 생각할 수도 있는데요, 그건 잘못된 생각입니다. 만약 달이 자전

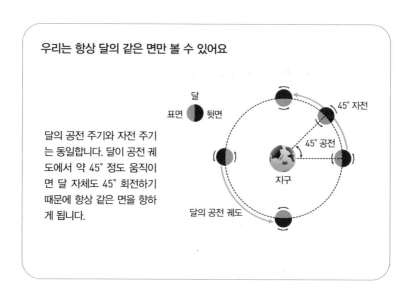

우리는 항상 달의 같은 면만 볼 수 있어요

달의 공전 주기와 자전 주기는 동일합니다. 달이 공전 궤도에서 약 45° 정도 움직이면 달 자체도 45° 회전하기 때문에 항상 같은 면을 향하게 됩니다.

달
표면　뒷면

45° 자전

45° 공전

지구

달의 공전 궤도

을 하지 않고 지구 주위를 한 바퀴 돈다면 달 뒷면이 보일 것입니다. 이건 직접 실험해보면 금방 확인할 수 있습니다. 공처럼 둥근 물체에 표시를 하고, 공이 회전하지 않도록 손으로 들고 자신의 몸 주위로 한 바퀴 움직여 보세요. 어느 순간 표시가 보이지 않게 되지요? 다음 단계로 몸 주위로 공을 한 바퀴 돌리면서 항상 표시를 볼 수 있도록 하려면, 공 자체를 조금씩 회전시켜야만 한다는 걸 알 수 있을 것입니다. 이 실험과 마찬가지로 달은 자전을 하고 있기 때문에 지구에서는 달의 표면만 볼 수 있는 것입니다.

달은 자전주기와 공전 주기가 같아요

보다 상세한 이해를 돕기 위해서 자전과 공전 주기에 대해 설명해 보겠습니다. 달의 자전 주기와 공전 주기는 모두 약 27.3일입니다.

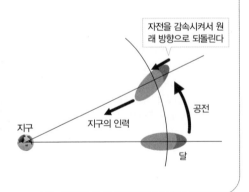

달의 자전 주기와 공전 주기가 같은 이유

달은 지구의 인력에 의해 당겨져서 타원형 모양을 하고 있습니다. 달의 길어진 장축이 지구의 중심에서 어긋나면 지구의 인력이 이를 끌어당겨 방향을 되돌리려고 합니다. 그렇기 때문에 달의 자전 주기가 조절되어 공전 주기와 동일해집니다.

자전을 감속시켜서 원래 방향으로 되돌린다

지구

지구의 인력

공전

달

만약 달의 자전 주기와 공전 주기가 다르다면 지구에서 달의 뒷면을 볼 수 있었겠지요.

지구의 자전 주기는 약 24시간이고 공전주기는 약 365일이므로 두 주기가 크게 차이 납니다. 이에 비해 달은 자전주기와 공전 주기가 동일합니다. 이것은 단순한 우연의 일치가 아니라 지구가 달에 미치는 인력이 작용한 것입니다.

달은 지구의 인력에 의해 약간 타원형을 띠고 있으며, 지구에서 수직 방향에 장축이 있습니다. 만약 달의 자전과 공전 주기에 차이가 있다면 장축 각도가 달라지겠지요. 그러나 실제로는 지구의 인력에 의해 수정되는 힘이 작용하기 때문에 달의 자전과 공전 주기가 일치하는 것이라고 합니다. 자전과 공전이 동일한 위성은 달뿐만 아니라 목성의 가니메데나 이오, 토성의 타이탄 등도 있습니다.

인류는 1959년 소련의 무인 탐사기가 상공에서 촬영한 사진을 통해서 처음으로 달 뒷면을 볼 수 있었습니다. 2019년에는 역사상 최초로 중국의 무인 탐사기가 달 뒷면에 착륙하여 화제가 되었지요. 이러한 연구를 통해 달 뒷면은 표면보다 지각이 두껍고 운석이 충돌해서 만들어진 크레이터로 인해 울퉁불퉁한 상태라는 것을 알게 되었습니다. 어쩌면 달이 지구에 떨어졌을 수도 있는 운석에서 지켜준 것일지도 모르겠네요.

어떻게 몇 억 광년이나 떨어진 별을 볼 수 있을까요?

국제 연구 팀이 블랙홀 촬영에 성공했어. 블랙홀의 존재가 눈에 보이는 형태로 확인된 건 역사에 남을 만한 성과라고 할 수 있지.

별은 아주 멀리 떨어져 있는데 어떻게 볼 수 있는거예요? 망원경으로 보는 걸까요?

별은 전파를 방출하거든. 그 전파를 볼 수 있는 특별한 망원경이 있는데, 전파 망원경이라고 하지.

눈으로는 볼 수 없는 별을 보기 위해서 이렇게 해요

천문학에서는 수억 광년이나 떨어진 천체를 주제로 다루는 일이 일상다반사입니다. 말 그대로 천문학적으로 멀리 있는 것을 어떻게 관측하고 촬영하는지 의문을 느낀 사람들도 많을 것입니다.

자주 들어본 적이 있는 천체 망원경은 '광학식 망원경'이라고 하며, 별이 발산하는 가시광(눈에 보이는 빛)을 모아 관측합니다. 그러나 우주 천체는 가시광선 외에도 다양한 파장의 전자파를 발산하고 있습니다. 엑스레이 촬영에 사용되는 X선이나 리모컨의 적외선, 스마트폰이나 텔레비전 등에 사용되는 전파 등등…. 이러한 것들은 모두 가시광선과 마찬가지로 전자파의 일종입니다. 그러나 사람의 눈으로는 감지할 수 없습니다.

만약 가시광선뿐만 아니라 다른 전자파도 볼 수만 있다면 육안으로는 볼 수 없는 별의 모습을 확인할 수 있을 것입니다. 이러한 발상에

광학식 망원경과 전파 망원경

반사경

빛(가시광)

광학식 망원경
천체 망원경은 천체에서 방출되는 가시광선을 모읍니다. 반사경의 구경이 클수록 집광력이 커집니다.

전파

파라볼라안테나

전파 망원경
전파망원경은 파라볼라 안테나를 사용해 천체에서 방출되는 전파를 모읍니다. 모은 전파를 전기 신호로 변환한 후, 이 전기 신호를 해석해서 화상으로 바꿉니다.

근거하여 전파를 파악해 천체를 관측하는 것이 '전파 망원경'입니다. 사람의 눈에는 보이지 않는 전파를 가시화하여 별이나 행성 간의 가스, 더스트 등 다양한 물질을 관측할 수 있습니다.

전파 망원경은 위성 방송을 수신하는 것과 같은 원리에요

전파 망원경의 원리는 가정에서 시청하는 위성 방송의 원리와 비슷합니다. 전파 망원경은 전파를 모으는 파라볼라 안테나와 전파를 전기 신호로 바꾸어 증폭시키는 수신기, 전기 신호를 기록하는 기록계로 구성됩니다. 그렇긴 하지만 우주의 천체에서 방출되는 전파는 매우 약하기 때문에 설비 규모는 위성 방송과 비교가 되지 않습니다. 아주 거대한 안테나가 필요한데, 중국에 있는 세계 최대 규모의 전파 망원경 '톈옌'은 직경이 500m에 달합니다.

블랙홀을 촬영한 VLBI 관측

먼 곳에 있는 전파 망원경 여러 대의 관측 데이터를 합성하여 하나의 관측 데이터로 모으는 것을 VLBI(초장기선 전파간섭법)이라고 합니다. 전파 망원경 여러 대로 같은 천체를 관측하면 관측 위치에 따라 거리가 다르기 때문에 시간 차이가 미세하게 발생합니다. 이 차이를 원자시계로 정확하게 계측한 결과를 계산에 포함시켜 상세하게 관측합니다.

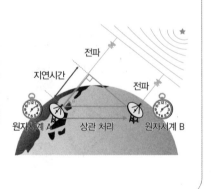

전파 망원경의 성능이 향상되면서 빛으로는 볼 수 없는 은하의 움직임이나 별이 탄생하는 과정을 더 자세하게 알게 되었습니다. 그러나 사람들이 방출하는 전파가 많은 장소에서는 이 성능을 충분히 발휘하기 어렵다는 약점이 있습니다. 그리고 천체가 발산하는 감마선이나 X선과 같은 전자파를 지구의 대기층이 흡수해버리기 때문에 관측이 어려운 경우도 있습니다. 그래서 천체망원경을 우주로 쏘아 보내자는 발상을 토대로 하여 위성 궤도 등의 우주 공간에 설치한 우주망원경이 현재에도 중요한 역할을 수행하고 있습니다.

드디어 블랙홀 촬영에 성공했어요

전파 망원경의 발달은 은하의 신비를 밝혀내는데 크게 공헌하였습니다. 2019년 4월에는 국제 프로젝트 '이벤트 호라이즌 텔레스코프'에서 역사상 최초로 5,500만 광년 떨어져 있는 M87 은하에 있는 블랙홀 촬영에 성공하였다고 발표하여 큰 화제가 되었습니다. 블랙홀은 빛을 발산하지 않기 때문에 모습을 포착하는 것이 대단히 어렵습니다. 그런데 전 세계 여섯 군데에서 여덟 대의 전파망원경으로 거대한 블랙홀의 모습을 동시에 관측하고 각각의 데이터를 합성해서 분석하는 초장기선 전파 간섭법(VLBI)을 사용하여 블랙홀의 모습을 포착하는 데 성공하였습니다.

광활한 우주의 비밀을 푸는 것은 이제 시작에 불과합니다. 앞으로 더 큰 발견들이 이루어지기를 기대해 봅시다.

물음표 과학 – 미처 몰랐던 일상 속 52가지 과학이야기

초판 2쇄 발행 2022년 8월 10일

지은이   Sansaibooks
감수   가와무라 야스후미
옮긴이   김지예

편집   이용혁
디자인   이유리

펴낸이   이경민
펴낸곳   ㈜동아엠앤비
출판등록   2014년 3월 28일(제25100-2014-000025호)
주소   (03737) 서울특별시 서대문구 충정로 35-17 인촌빌딩 1층
전화   (편집) 02-392-6903 (마케팅) 02-392-6900
팩스   02-392-6902
전자우편   damnb0401@naver.com
SNS   🅵 🅾 🅱
ISBN   979-11-6363-511-6 (03400)